商业地产实战系列丛书

三四线城市综合体项目开发经营实操指南

项目前期准确定位规划、中期成功招商销售与后期稳定经营管理要诀

余源鹏　主编

中国建筑工业出版社

图书在版编目（CIP）数据

三四线城市综合体项目开发经营实操指南 / 余源
鹏主编. — 北京：中国建筑工业出版社，2018.5
（商业地产实战系列丛书）
ISBN 978-7-112-22083-0

Ⅰ.①三…　Ⅱ.①余…　Ⅲ.①城市规划—项目开
发—经营管理—中国—指南　Ⅳ.①TU984.2-62

中国版本图书馆CIP数据核字（2018）第073101号

与一二线城市综合体开发不同的是，三四线城市由于受经济发展水平和人们消费水平的限制，其综合体项目的开发经营不能完全复制一二线城市的发展模式，而应根据城市发展的具体情况以及消费者的实际需求等来进行项目的开发与经营管理。为了让涉及三四线城市综合体项目投资开发与经营管理的相关从业人士对项目前期准确的定位规划、中期成功的招商销售以及后期稳定的经营管理的实操要诀有更全面、深入的了解，经过近两年来对典型三四线城市综合体项目的研究探索，我们特别策划编写了这本书——《三四线城市综合体项目开发经营实操指南》。

责任编辑：封　毅　毕凤鸣
书籍设计：京点制版
责任校对：姜小莲

商业地产实战系列丛书
三四线城市综合体项目开发经营实操指南
余源鹏　主编

＊

中国建筑工业出版社出版、发行（北京海淀三里河路9号）
各地新华书店、建筑书店经销
北京点击世代文化传媒有限公司制版
北京富生印刷厂印刷

＊

开本：787×1092 毫米　1/16　印张：15¼　字数：256千字
2018年7月第一版　2018年7月第一次印刷
定价：40.00元
ISBN 978-7-112-22083-0
（31979）

版权所有　翻印必究
如有印装质量问题，可寄本社退换
（邮政编码 100037）

本书编委会

主　编：余源鹏
策划顾问：广州市智南投资咨询有限公司
参编人员：

陈秀玲	朱嘉蕾	蔡燕珊	杨秀梅	崔美珍
陈小哲	陈思雅	魏玲玲	黎敏慧	谭嘉媚
杨逸婷	张家进	余鑫泉	唐璟怡	段　萍
李惠东	吴丽锋	陈晓冬	夏　庆	罗慧敏
王旭丹	刘雁玲	林煜嘉	罗宇玉	奚　艳
杜志杰	张　纯	马新芸	林旭生	刘丹霞
陈若兰	林敏玲	叶志兴	莫润冰	黄志英
胡银辉	谭玉婵	蒋祥初	吴东平	黄　颖
罗　艳	李苑茹	黄佳萍	曾秀丰	郑敏珠
齐　宇	黎淑娟	方坤霞	陈　铠	邓祝庆
林达愿	聂翠萍	何彤欣	刘俊琼	罗鹏诗
梁嘉恩	徐炎银	肖文敏		

前　言

　　城市综合体是指将城市中的商业、办公、居住、旅店、展览、餐饮、会议、文娱和交通等城市生活空间的各项功能进行组合，并在各部分之间建立一种相互依存、相互助益的能动关系，从而形成一个多功能、高效率、复杂而又统一的建筑综合体，并将这些功能空间进行优化组合，共存于一个有机系统中。

　　近年来，城市综合体项目除了在北京、上海、广州、杭州、厦门、成都、武汉、南京等一二线城市中快速发展，随着三四线城市经济的发展与居民收入和消费水平的提升，三四线城市强劲的发展空间和市场前景吸引了越来越多的房地产开发公司投资开发建设城市综合体项目。根据 2016 年对一二三四线城市的最新划分，三线城市主要包括了乌鲁木齐、贵阳、海口、兰州、银川、西宁、呼和浩特、泉州、包头、南通、大庆、徐州、潍坊、常州等 61 个城市，四线城市主要包括了株洲、枣庄、许昌、通辽、湖州、新乡、咸阳、松原、连云港、安阳、周口、焦作、赤峰等 107 个城市。

　　与一二线城市综合体开发不同的是，三四线城市由于受经济发展水平和人们消费水平的限制，其综合体项目的开发经营不能完全复制一二线城市的发展模式，而应根据城市发展的具体情况以及消费者的实际需求等来进行项目的开发与经营管理。为了让涉及三四线城市综合体项目投资开发与经营管理的相关从业人士对项目前期准确的定位规划、中期成功的招商销售以及后期稳定的经营管理的实操要诀有更全面、深入的了解，经过近两年来对典型三四线城市综合体项目的研究探索，我们特别策划编写了这本书——《三四线城市综合体项目开发经营实操指南》。

　　本书将用 3 章的内容全面讲述三四线城市综合体项目成功开发经营三大关键阶段的实操指南，这 3 章的内容包括：

　　第 1 章，三四线城市综合体项目前期准确定位规划的实操要诀，主要内容包括项目市场调查分析、准确定位以及产品规划设计建议的要诀等。

第2章，三四线城市综合体项目中期成功招商销售的实操要诀，主要内容包括项目营销推广策划以及招商销售执行策划的要诀等。

第3章，三四线城市综合体项目后期稳定经营管理的实操要诀，主要内容包括项目经营管理策划的要诀以及项目商业物业经营管理的主要内容与工作要点等。

本书是一本理论与案例相结合的内容全面的有关三四线城市综合体项目开发经营的工作参考书，该书的编写力求做到以下六大特性：

第一，实操性。本书的编写人员全部来自多年从事三四线城市综合体项目开发策划与经营管理的一线专家，实操经验丰富，力求通过全面实用的理论和众多成功的案例，使读者可以在最短的时间内吸收前人的实操经验，掌握三四线城市综合体项目成功开发经营的实操要诀。

第二，先导性。本书以我们的工作经验为基础，总结了近年来三四线城市综合体开发经营的成功经验，走在时代发展的前列，能反映三四线城市综合体开发经营的发展动态。

第三，全面性。本书的全面性体现在两个方面：一是本书包括了三四线城市综合体开发前期准确的定位规划、中期成功的招商销售以及后期稳定的经营管理等内容；二是本书中的案例来自于全国各典型三四线城市的综合体项目，涉及内容全面，分析到位。

第四，简明易懂性。由于房地产从业人士大多工作繁忙，简明到位地阐述问题既有助于读者理解该知识点，又可以节省读者的时间和精力。本书正是出于这一方面的考虑，在语言表达上尽量做到通俗易懂，即使是刚进入这个行业的人员也能充分理解作者想表达的意思，从而更好地理解和掌握三四线城市综合体成功开发经营的实操要诀并运用到实践中去。

第五，案例性。为了让读者更好地掌握三四线城市综合体成功开发经营的要领，我们在讲述各项要点时，都会结合典型案例进行说明。

第六，工具性。本书按照三四线城市综合体开发经营的各策划阶段分章编写，并引用了众多三四线城市综合体项目的成功案例。读者在工作上遇到问题时，可以直接找到书中相应的内容进行参考借鉴。

本书是三四线城市综合体项目开发经营相关从业人士的必备书籍，特别适合三四线城市综合体项目开发策划人员、房地产公司董事长、总经理、副总经理、总监、项目经理等高层管理人士、涉及项目策划、经营、物业、投资、开发、招商、销售、人事、行政、财务等部门的经理、主管和从业人士参考阅读。

本书也非常适合商业经营管理公司、商业地产运营商、商业地产咨询顾问公司、商业地产策划招商代理公司、物业管理公司相关领导及从业人士阅读。

同时，本书还十分适合参与三四线城市综合体项目工程建设的设计单位、监理单位、施工单位、建材和设备提供单位、招标单位、装修单位以及建设、规划、国土、质检、安检、市政、供水、供电、供气、供暖、环卫、消防等与三四线城市综合体项目开发有密切联系的企业和单位的相关从业人士阅读。

另外，本书还可作为房地产相关专业师生的优秀教材，可作为房地产公司新进员工的培训手册和工作指导书。

本书编写过程中，得到了广州市智南投资咨询有限公司相关同仁以及业内部分专业人士的支持和帮助，才使得本书能及时与读者见面。本书是我们编写的"商业地产实战丛书"中的一本，有关房地产其他相关实操性知识，请读者们参阅我们陆续编写出版的书籍，也请广大读者们对我们所编写的书籍提出宝贵建议和指正意见。对此，编者们将十分感激。

目　录

第2章　三四线城市综合体项目中期成功招商销售的实操要诀

第3章 三四线城市综合体项目后期稳定经营管理的实操要诀

第1章

三四线城市综合体项目前期准确定位规划的实操要诀

城市综合体是指将城市中的商业、办公、居住、旅店、展览、餐饮、会议、文娱和交通等城市空间的各项功能进行组合，并在各部分之间建立一种相互依存、相互助益的能动关系，从而形成一个多功能、高效率、复杂而又统一的建筑综合体，并将这些功能空间进行优化组合，共存于一个有机系统中。

与一二线城市综合体开发不同的是，三四线城市由于受经济发展水平和人民消费水平等的限制，其综合体项目的开发经营不能完全复制一二线城市的发展模式，而应根据城市发展的具体情况以及消费者的实际需求等来进行项目的开发与经营管理。

三四线城市综合体的成功开发经营有三个关键要点，分别是前期准确的定位规划、中期成功的招商销售以及后期稳定的经营管理。本章将先对三四线城市综合体项目前期准确定位规划的实操要诀进行详细的介绍。

准确的前期定位与科学专业的规划设计是三四线城市综合体项目开发经营的前期保证，是项目成功招商销售与长期稳定经营管理的基础。三四线城市综合体项目前期定位规划的主要内容包括市场调查分析、项目定位以及产品规划设计建议等，下面将分别对各主要内容的实操要诀进行介绍。

第1节　三四线城市综合体项目市场调查分析的要诀

充分的市场调查分析是项目准确定位的基础和依据。对于三四线城市综合体项目，不能一味复制一二线城市综合体项目的开发经营模式，而应充分了解和把握当地消费者的消费能力与需求以及该城市发展综合体项目的条件、具体城市的特色特点等，做好全面的宏观环境分析、深入的房地产市场分析、详细的项目地块分析以及客观的 SWOT 分析等。

一、全面的宏观环境分析

三四线城市综合体项目宏观环境分析是指对宏观的经济环境、城市的基本概况、城市的发展规划等进行分析。

1. 宏观经济环境分析的要诀

三四线城市综合体项目宏观经济环境分析是指为了了解城市总体的经济发展水平以及消费者的消费能力等而进行的 GDP 发展水平分析、产业结构分析、人口结构分析、人民生活指标分析等。随着三四线城市经济的快速发展以及人民消费水平的提高，三四线城市综合体项目具有广阔的发展空间。在进行分析时，应充分挖掘城市的经济实力以及未来发展潜力、人民潜在的消费能力等开发城市综合体项目的机会。如某三线城市综合体项目的宏观经济环境分析：

（1）宏观经济概述

1）××市发展速度较快，吸引外资和世界 500 强企业。

2）××市产业结构以工业为主导，第三产业发展相对滞后，但有比较大的发展潜力。

3）××市总人口以外来暂住人口居多，近几年有持续上升趋势。

4）××市商业目前存在散、乱、差的特点，多为街区商业，集中商业不发达，商业发展水平较低。

5）××市商业业态目前处于大卖场主导的阶段，商业业态层次滞后于本市的人均GDP水平和可支配收入水平。

6）××市高收入消费者普遍存在到上海、苏州购物、娱乐的消费习惯。

（2）GDP发展水平分析

1）××市人均GDP水平增长速度快，说明本地房地产市场处于高速发展阶段。

a.××市GDP近六年平均增长率达到29.41%。

b.按年末户籍人口数计算，××市人均GDP在2015年达到141063元，在XX省中位居第一。

c.考虑到××市特殊的外向型经济和大量外来人口，实际人均GDP调整为68628.48元。

2）人均GDP与房地产发展关系：

a.人均GDP小于4%：房地产萎缩；

b.人均GDP 4%～5%：房地产停滞；

c.人均GDP 5%～8%：房地产稳定发展；

d.人均GDP大于8%：房地产高速发展。

3）从GDP总量和社会商品零售总额看，××市目前处于第五梯队向第四梯队城市过渡中，发展潜力大。

第一梯队：上海、北京。

第二梯队：广州、深圳。

第三梯队：苏州、天津、重庆、杭州、无锡、青岛、宁波、南京、成都、大连、沈阳、武汉。

第四梯队：东莞、唐山、济南、石家庄、哈尔滨、郑州、长沙、福州、淄博、常州、西安。

第五梯队：昆明、厦门、南昌、太原、合肥、南宁、廊坊、宜昌、乌鲁木齐、兰州、桂林、贵阳、柳州、遵义、海口。

4）××市业态发展进程与人均GDP水平存在明显错位，可能受其地理位置、人口结构和消费习惯影响。原因如下：

a.由于大量外来商旅人口和暂住人口，人均GDP水平经调整后，依然存在高估。

b.由于靠近上海，本地中高收入人群普遍存在到上海购物习惯，制约了本地业态升级。

（3）产业结构发展分析

1）××市处于第二产业占主导的发展阶段，但已出现向第三产业占主导阶段开始过渡的趋势，第三产业目前发展相对滞后，但有发展潜力（表1-1）。

××市产业结构发展分析　　　　　表 1-1

年份	第一产业	第二产业	第三产业
2010	4.98%	60.14%	34.88%
2011	3.77%	64.59%	31.64%
2012	2.33%	67.61%	30.06%
2013	1.75%	68.25%	30.00%
2014	1.37%	68.49%	30.14%
2015	1.13%	67.85%	31.02%

a.××市目前处于第二产业占主导的阶段，但是目前第二产业所占比重增长放缓，甚至有所下降。第三产业所占比重在2011年、2012年大幅下降之后，近年开始缓慢增长。

b.在将来一段时期内，第二产业的增长将会放缓，所占比重会稳定甚至逐步下降。第三产业将会获得更快的发展。

c.产业结构的变化会进一步提高××市人民收入水平，同时刺激商业的发展。

2）商业将在第三产业的发展过程中成为最先增长的行业和增长的主力军。

a.从第三产业的细分行业看，批发和零售业增长最为迅速，2015年占GDP比重比2014年提高了0.6个百分点，可以说，第三产业所占GDP比重提高0.88个百分点，批发和零售业的贡献度最大。

b.这种变化趋势说明，在××市第三产业发展的过程中，商业将最可能起到主导的作用。随着本地平均消费水平的提高和整体购买力市场的扩大，将会刺激本地集中式商业的发展，提高本地商业设施对本地居民的吸引力。家乐福、欧尚、太平洋百货的即将进入，正是这种趋势的表现（表1-2）。

2014 年、2015 年 ×× 市第三产业发展趋势　　表 1-2

第三产业细分	2015 年产值	2015 年占 GDP 比重	2014 年占 GDP 比重	增减百分点
交通运输、仓储、邮政业	280235	3.0%	2.6%	0.4
信息传输、计算机服务和软件业	165239	1.8%	1.7%	0.1
批发和零售业	760802	8.2%	7.6%	0.6
住宿和餐饮业	221725	2.4%	3.2%	−0.8
金融业	315286	3.4%	3.4%	0
教育	72997	0.8%	0.8%	0
文化、体育和娱乐业	30895	0.3%	0.3%	0

（4）人口结构发展分析

1）×× 市的人口结构与产业结构关系紧密。

a. 第二产业目前占主导地位，但多以企业链低端为主，以制造加工厂形式存在，属于劳动密集型企业，以台商居多，目前台商在 ×× 市投资的公司已经超过 1000 家。

（a）需要大量本地及外来劳动力的技术支撑，月薪多在 1000 ~ 1500 元之间，属于低收入人群；

（b）需要 ×× 市本地人员的管理支撑，据统计，目前常驻 ×× 市的台籍人士已超过 10 万人，多为中高层管理者，台商及其家属构成了一个超出平均水准的高消费人群；

（c）需要大量本地及外地人士作为中基层管理者，月收入多在 2000 ~ 3000 元，属于平均偏低收入人群。

b. 第三产业由商业经营和企业运作构成，比例较小，但有发展潜力，以本地中小型企业和上海苏州的外来企业为主。

（a）各类商业外来打工人员，收入普遍偏低，约为 1000 ~ 1500 元左右；

（b）各类商业企业主或投资者，本地外地均有，收入较高；

（c）各企业的普通工作人员，收入偏低，约为 2000 ~ 2500 元；

（d）各企业的中高层人员，收入中等偏高，约为 4000 ~ 5000 元。

c. 其他（国企政府）。

（a）本地政府公务员，收入较高；

（b）普通国企中层员工，月收入为 1000 ~ 2000 元，属于低收入人群。

2）××市的人口结构属于哑铃状分布特征，外来人口大于本地人口数量。

a. 低收入人群。

（a）第二产业制造加工型低端企业的技术工人（主要劳动力）；

（b）商业外来打工经营人员；

（c）第三产业企业的普通员工（本地外地人士均有）；

（d）第二产业制造加工型低端企业的中基层管理者（本地外地人士均有）。

b. 平均收入中产阶级人群。

第三产业企业的中高层管理者。

c. 高收入人群。

（a）第二产业制造加工型低端企业的高层管理人员及家属（台商及其家属为主）；

（b）各类商业企业主及投资者；

（c）市政府公务员。

（5）人民生活指标分析

1）外来人口的大量进入为××市的商业发展提供了机会和市场，同时为第三产业的发展奠定良好的需求基础。

a.××市的 GDP 增长与暂住人口的增加有很强的相关性；

b.××市的经济增长在相当程度上依靠外来劳动力支撑；

c.××市人口增长的根本动力在于其外向型经济的快速增长；

d.××市近几年总人口数增长迅速，其中自然增长率为 3.55%。人口的增长主要是由于机械增长引起的。外来人口的大量进入为××的商业发展提供了强大的购买力。

2）××市外来人口以经商、务工和服务人员为主。

经商和务工人员中的高层人员具有较高消费力，会更多刺激酒店、餐饮、娱乐等行业的发展。

2015 年外来暂住人口中，务工人员为 519731 人，占到 71%。经商和服务人员各占到 9% 和 7%。经商人员和务工人员中的高层人员具有较高的消费力，会更多的刺激酒店、餐饮、娱乐等行业的发展。

3）结合"业态错位关系、产业发展机会、人口结构特点、人民潜在消费能力大"等观点，××市商业潜力巨大，有待挖掘。2013 年、2014 年、2015 年 ×× 市人均消费性支出占人均可支配收入的比例分别为 68.53%、

67.29%、66.92%，表明 ×× 市的居民消费增加速度小于可支配收入的增加，显示人民潜在消费能力强大，城市消费潜力大，商业发展潜力巨大。

4）×× 市家庭结构为两口或三口之家，整体年龄结构偏向年轻。

不同收入家庭支出均集中于衣着、交通通信、娱乐教育文化服务方面（表1-3）。

不同收入家庭支出情况 表 1-3

人均每月可支配收入（元）	户均家庭人口数（人）
200～400	3.00
400～600	2.50
600～800	2.85
800～1000	2.83
1000～1500	2.78
1500～2000	2.50
2000～2500	2.46
2500～3000	1.00
3000～4000	2.80
4000～5000	2.00
5000 以上	3.25

a. 家庭人均收入 800 元以上的家庭中，对衣着的支出急剧上升，平均每月衣着总支出在 1000 元以上，家庭人均收入 5000 元以上的家庭每月衣着支出更是高达 5128.62 元。

b. 家庭人均收入 800 元以上的家庭中，交通和通信的支出也相对较高，基本每月支出在 1000 元以上，家庭人均收入 4000 元以上的家庭此方面每月支出更是高达 2000 元以上。

c. 家庭人均收入 800 元以上的家庭中，在娱乐教育文化服务方面的每月支出都在 1500 元以上。其中：3000～4000 元之间区段支出高达 8623.59 元，4000～5000 元之间区段支出高达 5215.83 元，5000 元以上区段更是高达19364.09 元。

5）×× 市居民的消费重点正在发生急剧的变化，耐用消费品、服装、医疗保健、文化娱乐正在成为消费热点。

a.××市目前恩格尔系数为 34%，根据国际标准，已进入富裕阶段。

b. 从消费结构变化趋势可以看出，××市消费的重点开始转向服装、耐用消费品、室内装饰、医疗保健、通信、文化娱乐等方面。

（6）社会零售品总额分析

××市社会消费品零售额快速增长，市区对商业集聚效应的需求有所增强。

1）××市的社会消费品零售总额一直处于高速增长，2015 年增长率达到 17.44%。

2）2010 年，××市市区消费品零售额占全市的比重为 57.94%，2015 年提高到 61.17%。××市区对周边乡镇的集聚效应有所增强。

3）连锁经营零售企业营业收入占零售企业营业收入的比重为 9.49%，说明 ××市零售企业连锁化程度低，仍处于单体店铺独立经营、规模分散的阶段。

（7）宏观经济分析结论

1）受业态错位关系、产业商业发展机会、人民潜在消费能力、人口结构特点等因素影响，本地商业的未来发展潜力巨大，目前尚未被挖掘出来。

2）××市居民消费结构正在发生变革，新的消费热点逐渐转向"耐用消费品、服装、医疗保健、文化娱乐"等业态；这也为商业业态升级和新业态的出现提供了市场基础。

3）××市区对集中型商业的需求有所增长，但目前本市商业依然规模普遍过小，集中和连锁水平落后，不能有效满足需求。

2. 城市基本概况分析的要诀

三四线城市综合体项目所在城市基本概况分析是指为了了解城市的地理位置、行政规划、交通状况等的优劣势以及对项目的影响而进行的分析说明与总结。针对三四线城市综合体项目，策划人员为突出项目所在城市的价值优势，可以重点从城市优越的地理位置、便捷的交通体系、丰富的自然资源等角度挖掘出开发城市综合体项目的有利条件。如某四线城市综合体项目的城市基本概况分析：

（1）地理位置说明

铜陵市位于安徽省中南部，长江下游南岸，距上海 450km，距杭州

370km，距武汉 395km，距南京 180km，距合肥 168km，距上游安庆市 101km，距下游芜湖 84km；距黄山风景区 170km，距九华山风景区 80km。铜陵市位于武汉——上海长江经济带上，是长三角区域重要的资源型城市。

优势：沪蓉、京台交通大动脉在此汇聚。

（2）行政区域说明

1956 年，经国务院批准，铜陵正式建市，由省直辖。以后随政治经济形势变化，行政区划曾多次更迭。

铜陵市辖区为一县三区，分别为铜陵县、铜官山区、狮子山区和郊区，总面积 1113km²，其中市区面积 227km²，总人口 81.35 万人，其中市区人口 43.43 万人。

铜陵市铜的储量占全省 70% 以上，硫铁矿储量位居华东第一、全国第二，石灰石、黄金和白银的储量均居全省之首（表 1-4）。

铜陵市行政区域说明　　　　　　　　表 1-4

行政划分	区/县名	面积（km²）	人口（万人）	区/县政府所驻地
市辖区	铜官山区	36	30	淮河大道
	狮子山区	53	8.3	狮子山路
	郊区	154	7	金山东路
县	铜陵县	876	32	人民大道

优势：地广人稀、资源丰富。

（3）人口状况说明

全市总人口 81 万人左右，城镇居民 43.4 万人左右，城市化水平达到 58.2%，这是由于铜陵只下辖一个铜陵县，城镇居民占户籍总人口比重较大，有利于提高城市化进程。

优势：户籍人口比重大、利于城市化进程。

（4）交通说明

水路：城市坐拥长江黄金水道（是长江航道万吨轮的终点站）;

铁路：铜九铁路;

高速：合铜高速、铜黄高速、沿江高速;

城市主干道：滨江大道、铜官大道、铜都大道、沿新大道和横向的环城北路、铜芜路、沿江快速通道。

优势：交通体系完善，形成铁路、水路和公路与城市道路有机衔接、协调发展的快速综合交通运输体系，快速通达苏、浙、沪。

（5）城市定位及发展机遇

1）铜陵市发展定位：

全国铜产业基地；

电子材料产业基地；

长江中下游重要工贸港口城市；

皖中南中心城。

2）铜陵市发展机遇：

自 1956 年建市以来，铜陵立足资源基础，依托区位优势，经过四十多年的建设，形成了以有色、化工、建材、机电、轻纺为支柱，煤炭、食品、医药等相应发展，拥有 34 个行业、133 个门类、数千种工业产品的综合工业体系，成为皖江地区一座新型的工贸港口城市。

（6）城市概况小结

铜陵市，一座新兴的工贸港口城市，也是中国著名的黄山、九华山旅游风景区的大门。铜陵市正按照"一主两副"城市发展总体规划，积极稳妥大力发展。

3. 城市规划发展分析的要诀

三四线城市综合体项目所在城市规划发展分析是指对城市总体的规划布局以及各片区的发展方向分别进行分析，并总结各片区的发展潜力。尤其对于郊区型的三四线城市综合体项目，通过对项目所在片区的现状与未来发展趋势的分析，突出该区域开发综合体项目的发展空间以及项目开发的有利机会。如某三线城市综合体项目的城市规划发展分析：

（1）昆山市整体规划和职能定位与经济自然发展规律相吻合，经济发展的规律结合政策的支持，将会大力促进商业等第三产业的发展。

昆山目前的城市职能定位为：

1）长江三角洲地区核心城市上海周边的重要的制造业基地；

2）苏锡常都市圈中连接苏沪的外向型经济发达的城市；

3）中心城区是昆山市的政治、经济、文化、科技中心；

4）适宜居住的现代化园林城市；

5）苏南地区休闲度假、旅游观光基地之一。

总体规划中，到2020年，昆山市产业结构从"二、三、一"转变为"三、二、一"的格局以及发展休闲度假、旅游观光的职能定位都要求大力开发商业。

（2）七大片区的划分和功能定位透露了政府巩固第二产业，加速第三产业的意图。

昆山市共分为七大规划片区：

中心城综合片区（玉山镇和昆山经济技术开发区整合形成）；

北部片区（周市镇、陆扬镇和石牌镇整合形成）；

东部片区（花桥镇和陆家镇整合形成）；

吴淞江工业园片区（以张浦镇为核心，包括正仪镇和部分玉山镇）；

中部生态农业园区（主要是张浦镇）；

阳澄湖休闲旅游片区（以巴城镇为核心）；

南部水乡古镇旅游片区（周庄镇、锦溪镇、千灯镇和淀山湖镇整合形成）。

（3）七大片区中，中心城综合片区的商业及住宅规划对本项目定位有直接影响，是规划研究的重点所在。中心城综合片区依据各自定位及发展方向可分为五个片区：中心城区、城北片区、城南片区、城西片区、城东片区。

1）中心城区

中心城区未来依然是城市商业中心，但发展空间有限，会逐渐向外延展。由人民路、中山路、亭林路、柏庐中路、前进中路、震川中路等城市核心地带主要街道构成。

a. 规划：

商业、行政配套、居住、酒店、办公等为一体的综合型核心区域，辐射范围可达全市及下属其他乡镇。

b. 现状：

（a）中心城区基本已经没有空置土地可以出让。

（b）人民路、亭林路、中山路的商业一条街已逐步呈现外溢效应，带动临近的集街、西塘街、马鞍山东路的业态和商场的出现，同时带动震川西路到中路、前进中路、朝阳西路等街道的商业分布。

（c）已形成核心带的商业集合趋势，但彼此联系松散。

（d）未来中心城区商业依然是城市中心，行政中心可能外迁，在原有基础上改造翻新，或重置地块进行建设，外溢效应愈发明显，住宅发展空间小，商业发展空间有限。

2）城南片区

城南片区以居住和工业为主，靠火车站南广场住宅具有发展潜力，将会带动商业发展，有望成为新的城市商业副中心。昆山经济技术开发区建设已向南延伸，其到吴淞江的用地基本已批租完，以工业用地为主，发展潜力小，可忽略不计。昆山中心城区南边由沪宁铁路、规划沪宁高速铁路、沪宁高速公路及 312 国道组成的交通屏障。

a. 规划：

（a）住宅、商业、办公同步发展；

（b）修建火车站南广场。

b. 现状：

（a）住宅社区有一定规模，主要集中在中华园路、黄山路、衡山路、创业路、柏庐南路一带（规划中火车站南广场周边）；

（b）商业也集中于这一区域，除计划 2008 年底入驻的乐购外，其余均为社区配套商业，无聚合氛围；

（c）写字楼集中在长江南路，当地有名项目，其中一幢为 5A 级写字楼；

（d）火车站南广场尚未建好。

3）城西片区

城西片区集合高档住宅，多为在建项目，目前供大于求，未来竞争激烈，且人口导入效应尚未体现，商业规划建设和新项目建成开业将支撑起片区成为新的城市商业副中心。昆山中心城区北部的几个开发区规模较小，森林公园和大学城的建设使城市向西发展有一定的基础。

a. 规划：

（a）大力开发此片区的住宅开发数量及规模；

（b）玉山镇政府迁入此片区；

（c）开始发展配套商业，规划将此片区内前进西路到中路打造为"金融商业一条街"。

b. 现状：

（a）昆山市高档住宅楼盘集合地；

（b）玉山镇政府搬迁计划尚无明显进展；

（c）前进中路到西路建成几大商业综合体，将引入家乐福和欧尚超市，但未形成金融商业街。

4）城北片区

城北片区商业发展潜力有限，将以社区商业为主，与城南片区的商业发展相关性不大。昆山中心城区北部的玉山、周市等镇的工业用地开发基本已形成蔓延之势，其他用地的建设仍有一定的余地。

a. 规划：

（a）商业和居住同步发展；

（b）北移工业园区，使居住区和工业园区隔离。

b. 现状：

（a）传统居住区，档次偏中低；

（b）商业一直发展不好，仅北门路萧林路一带商业发展较快。

（c）土地出让成交：一部分向北发展，跨越339省道；一部分向东发展，在金浦路、横泾路、新浦路附近；一部分在片区靠近市区段，于北门路、萧林路一带；城北片区无论是出让还是成交地块中，商住两用地均占据绝对优势。

5）城东片区

城东片区未来将以商务办公为主要发展方向，商业配合区域发展，以中小体量、高档次的形态出现，与城南片区商业发展的相关性不大。

a. 规划：

（a）在保留部分工业的情况下，开发商业、商务办公和居住；

（b）片区开发管委会等机关迁入；

（c）将区域内的前进东路打造成政治金融一条街。

b. 现状：

（a）商业办公用地为5.4555万 m^2，达商住用地的4倍；

（b）近期推出"城东轻坊城"、"嘉裕国际"两个大型商业项目，但氛围尚未形成；

（c）政府机关尚未迁入；

（d）前进东路尚无发展迹象；

（e）住宅竞争不激烈，目前供应量不多，但作为经济开发区，伴随发展，人口必然会增加，购房需求量也会逐年上升。

（4）总结。

1）昆山市商业将重点往西、南发展，可能形成新的城市副中心，重点发展区域为火车站南广场周边、前进中路到西路，伴随昆山市居住地"重点往西、南发展的趋势"，昆山市商业也应重点往西、南发展，城西片区和城南片区，有望继中心城区之后，成为新的城市商业副中心。

2）城北片区的发展潜力不大，但会有一定发展。

3）城东片区的商业发展空间不大。

二、深入的房地产市场分析

对于三四线城市综合体项目，其比较常见的物业组合类型有住宅、商业、商务公寓等，而高级酒店、写字楼等物业则较为少见。为了寻找最优的物业组合模式，除了对城市房地产市场的总体状况进行分析之外，还应分别对住宅、商业、酒店、办公、公寓等项目可能开发的物业类型的市场供需情况进行深入的分析。

1. 房地产政策分析的要诀

三四线城市综合体项目房地产政策分析主要可以从宏观层面上国家出台的调控政策和具体城市颁布的相应政策两个角度进行分析，并通过分析出台的政策对住宅、商业等不同市场的影响，总结开发城市综合体项目可能存在的机会与风险。如某三线城市综合体项目的房地产政策分析：

（1）宏观调控政策

政策引导市场，楼市调控主旋律从"新国十条"细则版向加强版转变，目的是抑制房价过快上涨以及控制投资型需求。

1）调控密集期：2010 年 4 ~ 7 月

4 月 15 日：《国务院常务会部署遏制部分城市房价过快上涨措施》。

4 月 17 日：《国务院关于坚决遏制部分城市房价过快上涨的通知》。

4 与 20 日：《关于进一步加强房地产市场监管完善商品住房预售制度有关问题的通知》。

4 月 30 日："京十二条"（包括限购令）。

5 月 5 日："深十三条"。

5 月 17 日："浙十八条"。

5 月 22 日："穗 24 条"。

5 月 26 日：《关于土地增值税清算有关问题的通知》。

6 月 3 日：《关于加强土地增值税征管工作的通知》。

6 月 5 日：《关于规范商业个人住房贷款中二套住房认定标准通知》。

6 月 21 日：《关于做好保障规划编制的通知》。

2）调控淡化期：2010 年 8 ~ 9 月。

8 月：《关于完善差别化住房信贷政策有关问题的通知》;《关于进一步贯彻落实国发〔2010〕10 号文件的通知》。

9 月：取消 7 折利率。

3）调控强化期：2011 年 1 ~ 5 月。

1 月 26 日："新国八条"出台。

1 月 27 日：重庆和上海发布房产税试点方案。

2 月 1 日："新国八条"上海细则出台。

2 月 26 日：全国有 12 个城市出台了限购令。

3 月 16 日：发改委发布《商品房销售明码标价规定》。

4 月 6 日：央行上调金融机构人民币存贷款基准利率及城市公积金购保障房利率上浮。

4 月 20 日：呼和浩特楼市限购令细则出台。

5 月 13 日：央行年内第五次上调存款准备基金。

5 月 16 日：住房城乡建设部、国土部，房地产市场调控力度不放松。

5 月 17 日：北京住建委发布"商改住"的"封杀令"。

（2）××市楼市调控政策

进入 2011 年，××市的调控政策已进入了密集期：

2011 年 3 月 30 日：2011 年度新建住房价格控制目标：新建住房价格控制目标为涨幅不高于 10%;

2011 年 4 月 1 日：《房地产经纪管理办法》进一步规范该市的房地产经纪活动;

2011 年 4 月 20 日：××市楼市限购令细则出台;

2011 年 5 月 10 日：内蒙古自治区发展改革委结合该区实际制定出台了《内蒙古〈商品房明码标价规定〉实施细则》。

××市虽然尚未出台"限购令"等进一步的调控政策，但一直遵循跟随地方政府的策略颁布相应政策也是箭在弦上，随着政策的逐步从紧，住宅市场也将进入盘整期。

1）2011 年国家政策调控将直接影响 ×× 市住宅市场成交，客户购买趋于理性。

2）受国家 2011 年房地产交易税收优惠政策调整影响，2010 年底新建商品房销售量激增，成交价同步走高。

3）2011 年国家关于房地产调控的政策陆续出台，市场进入了新一轮调控期。包头市房地产市场新政效应进一步显现，市场供应整体偏紧，成交量同比持续下降，房价略有增长。

4）随着对住宅市场调控政策逐步升级的预期，商业用房成交量自 2011 年 2 月呈现出强劲攀升的势头，见图 1-1 和图 1-2。

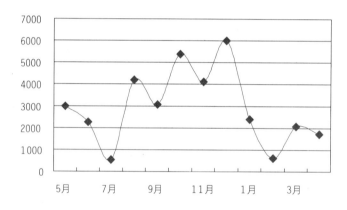

图 1-1　2010 年 5 月 ~ 2011 年 4 月 ×× 市全市商品住房的销售总套数（单位：套）

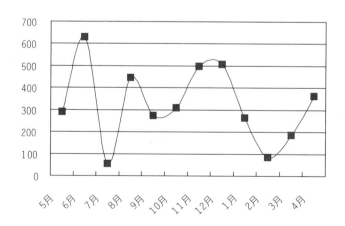

图 1-2　2010 年 5 月 ~ 2011 年 4 月 ×× 市全市商业用房的销售总套数（单位：套）

（3）宏观政策研究小结

1）遏制房价过快上涨及控制投资需求，楼市调控政策正处于一个逐步收紧的快行道。

2）住宅市场经过 2010 年下半年的成交高峰期之后，暂时进入了观望盘整期。

3）商业市场成交自 2011 年 2 月以来出现强劲反弹，成为 ×× 市房地产市场新的交易热点。

2. 房地产市场总体状况分析的要诀

三四线城市综合体项目市场总体状况分析是指为了预测城市未来房地产的发展趋势以及对本项目的影响而进行的房地产市场分析，其分析的要点包括房地产投资情况、供应与需求状况、销售量与价格走势等。如某四线城市综合体项目的总体状况分析：

（1）房地产开发状况

2015 年房地产开发投资额 73.3 亿元，从近五年房地产开发投资额来看，年平均增长率在 37% 左右。

×× 市市区房地产开发投资额保持高速增长态势，2013 年同比增幅超过省会城市，表明 ×× 市房地产市场逐步走向成熟，在一定程度上促进了本项目的发展。

（2）供求关系

据统计显示，×× 市近五年房地产市场呈快速发展态势。

1）2011 ~ 2015 年，全市商品房施工面积持续快速增长，施工面积年均增长达 20% 以上。

2）2015 年年底，市施工面积达 541.2 万 m^2，同比 2014 年增加了 103 万 m^2。

3）2015 年销售面积达 74 万 m^2，按照每套面积 100m^2 计算，销售套数达 7400 套。

（3）量价走势

1）在销售套数上：2015 年 1 ~ 12 月份，×× 市商品房销售备案 6620 套，环比 2014 年下跌 14.47%。其中 12 月份全市商品房销售总套数 988 套，位居全年销售排行榜之首。

2）在成交价格上：2015 年 12 月份 ×× 市住宅成交均价 5432.95 元 /m^2，

同比上涨 1328.5 元 /m²。2015 年的楼市调控"组合拳"频频出击，接着 2016 年的楼市调控的持续进行，总体上 2016 年楼市整体运行比较平稳，成交量和价格上未出现较大波动。

总体上来看，楼市调控对 ×× 市楼市有一定的影响，除了 2015 年 1 月持续上一年的火爆和 12 月出现了"急买急卖"的现象，整体而言，×× 市楼市一直表现的"不温不火"。

按照 ×× 市楼市抗压性强的惯性来推测，2016 年 ×× 市楼市的整体情况呈现较为稳定的态势，在销量和价格上波动未出现大幅度的变化。

3. 住宅市场分析的要诀

住宅物业是三四线城市综合体项目物业组合的常见类型，策划人员应对其进行重点分析。在进行住宅市场分析时，一般可以按照先进行板块分析，再进行个案分析，最后再对住宅市场进行分析总结与预测的思路进行。

（1）板块分析

在进行三四线城市综合体项目住宅市场分析时，为了解住宅项目的竞争情况，需要对不同板块竞争项目的特点分别进行分析，分析的角度包括户型面积、建筑风格、配套设施、客户群体等。如某四线城市综合体项目的住宅市场板块分析：

目前在售项目主要集中在 ×× 大道板块、×× 开发区、城 × 板块。

1）×× 大道板块

a.×× 大道板块项目分析（表 1-5）

×× 大道板块项目分析　　　　　　　　表 1-5

项目名称	总建筑面积（万 m²）	主力户型	客户主群体	均价（元/m²）	备注
×× 水上乐园	90	36 ~ 48m² 一房 96 ~ 120m² 两房 105 ~ 145m² 三房 165m² 四房	投资客、改善住房群体	3800	目前只有三期四十多 m² 一室一厅户型，一梯十二户
×× 苑	10	69m² 一房 93 ~ 103m² 两房 125 ~ 145m² 三房 160m² 四房	学校老师、投资客、首次置业者	3000	——
×× 清华	12	100 ~ 109m² 两房 133 ~ 159m² 三房 165 ~ 175m² 四房	投资客、改善住房群体对房屋品质要求比较高的富有人群	5000	——

续表

项目名称	总建筑面积（万 m²）	主力户型	客户主群体	均价（元/m²）	备注
××国际	46	40～60m²一房 94～110m²两房 117～140m²三房 62m²Loft	改善性住房群体、企业、政府管理层	3200	目前三期差不多已卖完，只剩下部分复式楼
××新城	29	113～143m²三房 170～298m²四房别墅	追求高品质住宅，对生活要求非常高的高端消费群体	洋房：5000 别墅：7000	一次性付款98折
××天下	12	96～110m²两房 117～157m²三房 145～152四房	对生活品质讲究的高端消费群体	6000	采用地源热泵、天棚辐射、新风置换等系统，打造的是恒温恒湿科技豪宅
××城市花园	17	104m²两房 127～143m²三房	看好该地段的投资客、商人、改善性住房群体	3800	二期由五栋高层组成共三百套，已基本售完
××世纪城	11	53～55m²一房 94m²两房 108～154m²三房 155～166m²四房	改善住房群体、公司管理层、投资客	5000	最后一栋，一次性付款98折
××春天	55	56m²一房 96m²两房 118～132m²三房 153m²四房	中档消费群体、改善性住房群体、周边企事业单位员工	3500	一期差不多售完，一次性付款90折，按揭付款92折

项目数量是全市最多，平均规模也是全市最大。

此区域项目发展出现两个极端趋势，一是趋于规模化：比如××乐园、××春天等大盘，打造的就是配套齐全的大社区，核心竞争力在于"大"、"齐"。二是趋于个性化：具有自身核心竞争力的项目，就应当具备不可复制的特色，比如××天下打造的就是恒温恒湿的科技豪宅，××新城打造的是中式低密度宽景豪宅。

从价格上来看均价在约4000元/m²，但是特色鲜明、品质较高的项目价格相对较高，在售项目××清华达到了5000元/m²，成为目前价格最高项目。

b. 主力户型面积区间分析

从户型上看，目前区域内户型供给以三房为主，大面积的四房和宽阔两房的投放量次之。三房的主力面积区间为115～145m²，两房的主力面积区间为90～100m²（表1-6）。

主力户型面积区间分析 表 1-6

序号	项目名称	户型配比								
		公寓面积（m²）	配比	一房面积（m²）	配比	两房面积（m²）	配比	三房面积（m²）	配比	四房以上（m²）	配比
1	××乐园	0	0%	48	12%	96	12%	130～149	64%	143	14%
2	××苑	0	0%	69	21%	93～103	6%	124～145	60%	160	13%
3	××清华	0	0%	0	0%	100～109	26%	133～159	48%	165～175	26%
4	××国际	62Loft	10%	45～95	20%	94～110	25%	117～140	45%	0	0%
5	××新城	0	0%	0	0%	0	0%	113～143	55%	170～298	45%
6	××天下	0	0%	0	0%	96～110	20%	117～157	45%	145～153	35%
7	××城市花园	0	0%	0	0%	107	10%	127～140	70%	170	20%
8	××世纪城	0	0%	53～55	11%	94	5%	108～154	71%	155～166	13%
9	××春天	0	0%	56	11%	96	25%	118～132	46%	153	18%

c. 建筑风格对比

××乐园：现代简约风格

××苑：中式风格

××清华：欧式风格

××国际：现代简约风格

××新城：中式风格

××天下：西班牙欧式风格

××城市花园：欧式风格

××世纪城：现代风格

××春天：现代简约风格

建筑风格的个性化有助于提升项目的品质，在规模化的基础上提高个性化的建筑园林风格能够提升项目的核心竞争力，也更加能准确地把握住项目本身的目标客户群。

d. 细部特征分析（表 1-7）

本区域内楼盘各方面配套情况 表 1-7

项目名称	水系	水景	特色树种	老年人活动设施	儿童活动设施	网球场	羽毛球场	游泳池	休闲设施
××乐园	★	★	★	★	★	—	★	★	★

续表

项目名称	水系	水景	特色树种	老年人活动设施	儿童活动设施	网球场	羽毛球场	游泳池	休闲设施
×× 苑	★	★	★	★	★	—	—	—	★
×× 清华	★	★	★	★	★	—	—	★	★
×× 国际	★	★	★	★	★	—	—	—	★
×× 新城	★	★	★	★	★	★	★	★	★
×× 天下	★	★	★	★	★	★	—	★	★
×× 城市花园	★	★	★	★	★	—	★	★	★
×× 世纪城	★	★	★	★	★	—	—	★	★
×× 春天	★	★	★	★	★	★	★	★	★

本区域内楼盘各方面配套比较完善，楼盘品质也是 ×× 市最高的。

e. 区域客户群体

置业动机：投资、改善居住条件、享受高品质生活。

客户构成：本地投资客，企业政府管理层、生意人等，周边县市定居本市人群。

f. 小结

有利的政策导向和土地供应使区域内的开发量较大，房地产市场开发建设比较火爆，未来竞争激烈。

民 × 路至北 × 路段的项目基本都是以 18 层以上高层为主，销售价格在 4000 ~ 5000 元 /m²，是市区房价最高的区域。该片区由于项目档次较高，住宅开发项目较多，已聚集成为目前 ×× 市的中高档住宅片区。

此区域的楼盘注重楼盘品质的打造，从建筑风格、园林设计、建筑结构都比较讲究，项目规格也都是全市最高，此区域引领 ×× 市整个房地产市场方向。

2） ×× 开发区板块（略）

3）城 × 板块（略）

（2）个案分析

在三四线城市综合体项目住宅市场板块分析之后，需要对某些典型的项目做重点的研究分析，并从中总结其在建筑设计、园林景观、配套设置等方面值得本项目参考借鉴的地方。如某四线城市综合体项目住宅市场个案分析：

1）××清华

a. 项目基本参数（表 1-8）

××清华项目基本参数 表 1-8

物业名称	××清华	占地面积	150 亩
总建面积	12 万 m²	绿化率	45%
容积率	1.38	均价	5000 元/m²
所在区域	××大道	物业形态	多层、小高层
楼盘地址	××大道西侧、××南 600m		

b. 项目规划

××清华由三大组团构成，三大组团由 400m 中央水系和 10000m² 主景观区间隔而成，按照 × 莉苑、× 香苑、× 合苑的序列进行开发。

c. 建筑风格

（a）以 5 层的水景花园洋房为主，临 ×× 大道有一部分带电梯的小高层住宅。

（b）采用新古典的建筑风格。楼体采用高低错落的建筑天际线，丰富的四坡屋顶组合加上三段式建筑形态，颇受客户青睐。

d. 园林风格

（a）项目的景观设计为加拿大嘉柯国际（JACC），其项目整体定位为一个高档次住宅社区，绿化率高，小区园林规划较好，项目最大限度保留了原生树木。

（b）在社区内因地制宜，利用半地下车库的建筑特色，在楼宇间形成高低起伏、错落有致、步移景异、奇景迭出的坡地景观。

（c）利用"天然活水生态系统"，营造了 ×× 市首条 400m 长的社区内中央水系。

e. 户型解读

（a）项目的户型设计以三房两厅两卫和四房两厅两卫为主，辅助以二房或多房户型。

（b）在建筑端部景观大户型（四房），顶层户型空间结合坡顶带阁楼设计，其户型设计相对比较合理。

（c）主卧与客厅朝南，且中间两户主卧采用 270 度观景落地大飘窗，采光观景效果极佳。

f. 总结与启示

项目从规划到建筑，从户型到景观，从配套到物业称得上是××市房地产界的标杆项目。该项目以其领先××市其他房地产项目的优秀品质和夺人耳目的景观赢得了大批消费者的青睐，也赢得了××市市民对其品质的认可。××市高端楼盘虽为数寥寥，但其在市民心中却有极强的影响力。消费者对楼盘品质和品牌的认可度，对楼盘的销售起着不可低估的作用。

启示：在新项目中，应当注重产品品质，树立品牌；同时创建自己的品牌，赢得自己的客户群，以求获得更长远的发展。

2）××天下

a. 项目基本参数（表 1-9）

××天下项目基本参数　　　　表 1-9

物业名称	××天下	占地面积	63899m²
总建面积	126 万 m²	容积率	2.31
绿化率	40%	均价	4000 元/m²
所在区域	××大道板块	物业形态	多层、小高层
楼盘地址	××大道与××路交汇处西 200m		

b. 项目规划

项目位于××大道与××路交汇处西 200m。小区共有 19 栋建筑，分 2 期开发，一期开发有 4 栋 4 层的叠院洋房、3 栋 8 层电梯洋房和两栋 11 层观景小高层。

c. 项目配套

由于项目地处新南城区，目前周边配套尚不完善，基于项目规模限制，小区内配套比较单一。

d. 户型解读

（a）坐北朝南，户型周正，南北通透，干湿分区，客厅带有 180 度超大宽景阳台。

（b）户型以大三房四房为主，客厅和主卧宽敞、大气彰显豪宅气度。

e. 项目定位及技术组合应用

定位：科技豪宅（恒温、恒湿、恒氧）。

十大科技系统：恒温系统、恒湿系统、恒氧系统、外节能窗系统、外遮阳系统、隔音除噪系统、同层排水系统、外墙保温系统、中水回收系统、24小时热水系统。

主要应用技术：天棚辐射、地源热泵、新风置换系统。

f. 总结与启示

项目作为××市第一个科技理念豪宅，从园林设计、建筑规划布局、户型配比和新科技的应用都透露出豪宅气度，通过提升住户身体舒适度、观景视觉角度来体现豪宅风范。但受地理位置和项目规模限制，项目周边及小区内配套相对较单一。

小区通过科学规划设计加上十大科技系统综合应用，铸就了其他楼盘不可复制的核心竞争力。

3）××新城（略）

（3）住宅市场总结与预测

为准确预测三四线城市综合体项目住宅市场的未来需求，策划人员可以采用人口增长预测法、成交总量增长趋势推导法、市场容量预判等方法推导未来住宅市场的需求。如某四线城市综合体项目住宅市场总结与预测：

1）住宅市场总结：

a. 在售项目统计

××大道板块房地产项目数量最多的一个区域，占到总比例的67%。

b. 各区域在售项目规模统计

××市房地产项目普遍较小，十万以下占40%，十万到三十万占45%，目前规模较大的项目主要集中在××大道板块，新开项目大规模的比例逐步变大。

c. 各板块项目建筑类型分析

全市项目以多层加小高层占绝对主力，各类型较平均的是××大道板块，而城×板块和××开发区板块则以多层和小高层为主。

d. 各板块客户群体特征

目前市场上的中高端客户群体主要以35岁左右的从政、从商的人员为主。他们所关注的是项目的区位、社区的品质、优美的景观、身份的体现。

××大道板块为目前××市房地产市场的主流购买区域。高端客户由于承受力高，一般会考虑选择这个区域进行置业。

经济实力一般的中低端工薪阶层客户流动性较小，地缘性强，如老城区板块的道北居民，一般置业都会选择在本区域内购置房屋，例如××园区政府周边。

e. 总结

××大道板块竞争最为激烈，该区域内中高档住宅项目林立，已自发形成一个中高档生活片区，市场上的中高端客户普遍关注××大道板块进行置业；其次就是××开发区和城×板块，由于配套设施尚不完善，目前这两区域的竞争力相对较薄弱，但发展潜力可观。

××大道土地较紧缺，××大道以东、南×路以南区域土地潜在供应量较大，未来周边市场将会继续扩张，并有可能引领××市整个房地产发展的方向。

××市项目户型以三房占绝对主力，面积在 110 ~ 145m² 之间，××大道南端及××开发区个别高档项目户型较其他区域面积较大。

2）住宅市场预测：

a. 人口增长预测法

已知条件：

2015 年末××市市区人口为 92 万人，住房面积约为 2300 万 m²，人均住房面积 25m²。

2020 年市区规划人口为 150 万人，平均每年增长 4.8 万人。

未来 5 年实现人均住房面积达到 28.8m²。

未来 5 年增量：

现有人口新增住房面积需求：92 万人 ×（28.8–25）m²=349.6 万 m²

增量人口新增住房面积需求：4.8 万人 ×5×28.8m²=691.2 万 m²

则未来 5 年住房新增需求：349.6+691.2=1040.8 万 m²，平均每年为 948÷5≈208 万 m²

同时，未来 5 年商品房新增需求：1040.8 万 m²，平均每年 208 万 m²。此推算法未含投机需求，可视为未来 5 年××市商品住宅市场的刚性总需求。

b. 成交总量增长趋势推导法

××市 2013 年商品房销售面积为 49.43 万 m²，2014 年商品房销售面积为 100.7 万 m²，2015 年商品房销售面积为 106.71 万 m²。预计未来 5 年的增长率保持在 18% 的水平（表 1-10）。

××市未来五年商品房需求量   表 1-10

年份	2016	2017	2018	2019	2020
需求量（万 m²）	180	212	251	295	348

由此推导：

随着市场的进一步发展，未来需求增长率将会有所下降，因此该推算法可视为 ×× 市未来 5 年商品房需求的上限。预计 ×× 市未来两年的年均消化量会维持在 200 ～ 230 万 m²。

c. 市场容量预判

参照《×× 市住房建设规划 2014-2018 年》：

规划 2014 ～ 2018 年内，×× 市住房总需求为 724.66 万 m²，6.94 万套；其中商品住房 601.82 万 m²，5.27 万套，经济适用住房 105.49 万 m²，1.32 万套，廉租住房 17.35 万 m²，0.35 万套。

由此可推导 2017 ～ 2018 年 ×× 市房地产的供应量为 362.34 万 m²。预计 ×× 市年商品住宅供应量为 181.17 万 m²，按照市场行情浮动 5% ～ 10% 的计算，预计供应量在 190 万 ～ 200 万 m² 之间。

d. 市场供需预判

2017 ～ 2018 年预计年均供应商品住宅 190 万 ～ 200 万 m²；2017 ～ 2018 年预计年均需求商品住宅 200 万 ～ 230 万 m²。

结论：未来两年 ×× 市房地产商品住宅市场供需基本平衡，如果要考虑到市场因素以及政策因素的影响，局部期间可能会导致需求降低。

4. 商业市场分析的要诀

商业物业是三四线城市综合体项目物业组合中最主要的类型之一，其常见的类型主要包括百货商场、专业市场、商业街等。

对于三四线城市综合体项目，商业市场的分析应重点关注城市商业的发展水平以及本市消费人群的需求特征，其分析的要点包括城市主要的商业类型分析、商圈分析、客户特征分析以及典型案例分析等。

（1）城市主要的商业类型分析

三四线城市主要的商业类型分析是指对目前城市所处的商业发展阶段以及主要的商业形态进行分析总结。策划人员可以通过对比其他城市的商业发展情况，说明本市商业的可发展空间。如某四线城市综合体项目的主要商业类型分析：

经过十多年的建设，××市的商业已经基本上完成了初级商业的形式，处在向现代中级商业模式寻求突破的阶段。

商业形态的发展目前主要有百货店类商店、专业店、专业市场、大型超市、连锁专卖（专业）店、食杂店等商业形态。

××市商业整体发展模式相对滞后，商业整体营业面积规模较小，经营形势发展缓慢，中低档商业较多，新型的商业管理模式较少。所有商场人流量低于郑州等城市同类型商场。商业形态经过近几年的发展，社区商业开始初步呈现，区域型商圈正在形成和完善中。

（2）商圈分析

三四线城市综合体项目商圈分析包括对城市的商圈分布及各商圈主要商业项目的经营种类、租金、面积、出租率等进行分析，并对各商圈的特点进行总结。如某四线城市综合体项目的商圈分析：

1）商业分类与分布

a. 商业分类

××市重点商业区主要分布如下：

市区级两大商圈：中心广场商圈、××商贸城商圈。

社区级商业：乐×购物中心、步行街。

商业街、专业市场：步行街、欧亚服装市场。

超市类：超市主要分布在各大居住区、城市主干道附近，代表商家主要以京港百货为主，分店数目最多，覆盖面最广。

b. 商业分布

××市的商业基本上分布在中心广场附近，即中心广场商圈内。目前商圈内正在营业并已形成一定规模的有步行街、京×百货、丹×百货、中×广场等典型商业。在售的商业项目有××国贸、××世贸等。

2）代表性商圈项目调查结果分析

a. 中心广场（即老百货楼）商圈

中心广场商圈主要商场的类型、租金及经营品种、面积分隔及经营情况分别见表1-11。

中心广场商圈的主要商场类型　　表 1-11

商场名称	类别	经营种类
京×百货（团×路店）	中高档综合类百货商场	百货、服装、鞋、化妆品等
京×百货（民×路店）	中高档综合类百货商场	百货、服装、鞋、化妆品、通信类、家具、家电、床上用品、童装、儿童玩具等
×美电器	家电类专业市场	电视机、洗衣机、冰箱、空调等大家电及小家电
×方电器	家电类专业市场	电视机、洗衣机、冰箱、空调等大家电及小家电
丹×广场	中高档综合类百货商场	百货、服装、鞋、珠宝、首饰等

中心广场商圈主要商场的租金及经营品种　　表 1-12

商场名称	平均租金（月）	经营品种
京×百货（团×路店）	-1F 超市为整体经营	服装、鞋、洗化用品、玩具、蔬菜生鲜肉、饮料、食品等
	1F：200 元 /m²	化妆品、皮包、珠宝、首饰
	2F：130 元 /m²	名牌服装（儿童装、淑女装、少妇装、男装）
	3F：50 ~ 70 元 /m²	名牌服装（儿童装、淑女装、少妇装、男装）
京×百货（民×路店）	1F：150 元 /m²	手机、服装、鞋
	2F 整体经营	（超市）食品、蔬菜肉类、洗化用品、日用百货
	3F：10 元 /m²	中高档床、衣柜、桌椅等家具
丹×广场	1F：100 ~ 120 元 /m²	黄金、珠宝首饰、鞋
	2F 整体经营	（超市）食品、蔬菜肉类、洗化用品、日用百货
	3F	超市
×美电器	1F	手机、电扇、电磁炉、电扇、微波炉等小家电
	2F	洗衣机、冰箱、空调、热水器等
	3F	电视机、音响
	此商场和八方电器为家电市场，属整体经营，租金不详	
×方电器	1F	手机、微波炉、电扇、电饭煲等小家电
	2F	DVD、洗衣机、冰箱、空调、电视、音响等大家电
品牌店	150 元 /m²	黄金珠宝、品牌服装

中心广场商圈主要商场的面积分割及出租情况　　表 1-13

商场名称	经营面积	面积分割	出租情况（%）
京×百货（团×路店）	15000m²	10 ~ 50m²	99%
京×百货（民×路店）	12500m²	5 ~ 15m²	100%

续表

商场名称	经营面积	面积分割	出租情况（%）
丹 × 广场	1.5 万 m²	20 ~ 30m²	100%
× 美电器	2500 ~ 2800m²	整体经营	100%
× 方电器	1700 ~ 1800m²	整体经营	100%

点评：

a）该商圈是在原国有企业生活服务中心的基础上发展形成的，经历了社区商业、百货商场、综合商圈的一个进化过程。该商圈形成较早，对整个××市消费者都有很大程度的影响。历史沉淀的结果，使它的商业中心地位不会轻易被动摇。

b）从商业的进化历程上来看，该区商业将向综合的"一站式"购物、生活、消费方面发展。

c）从商业形态上来看，该商圈商业形态比较落后，整个购物环境和消费场所比较落后，处于商业形态转型前的状态。由于老的百货大楼推倒重建，步行街的投入使用，使新的百货大楼处于半倒闭状态。

d）从消费人群来看，主力商场"百货大楼"人流量少。由于购物习惯受限，商业的二层以上很难聚集人气，且此商圈交通出行十分不便，停车是其最大的问题。

b.×× 商贸城商圈

×× 商贸城是 ×× 市最早的市场之一，位于凯 × 路与红 × 路交汇处，经营面积约 1 万 m²，有 1000 多家商铺，临街门面房为两层，中部门面房为单层。单间门面房单层面积均在 8m² 左右。内部门面房租金在每月 600 ~ 1200 元不等，临街租金 1600 元。×× 商贸城主要以批发为主，零售为辅，主要经营服装、床上用品、鞋、玩具、装品、化妆品和办公用品等。×× 商贸城西侧全部出租，未出租的均位于商贸城的东侧，出租率 90% 左右（表 1-14）。

表 1-14

×× 商贸城	租金（元 /m²/ 月）
内部	20 ~ 60
外围（临红 × 路）	50 ~ 100

点评：××商贸城经营的业种，以低档为主，消费者以道北居民为主，兼以道南中低消费人群。

3）重点商业项目介绍

a. 丹×广场

丹×广场总投资2.8亿元（一期投资1.8亿元），建筑面积2.6万 m²，是集购物、休闲、娱乐为一体的综合性广场。

此商业为丹×自持商业，一楼及二三层超市的小铺对外出租获取租金回报（表1-15）。

丹×广场基本资料　　　　　　　　　　　　表1-15

楼层	主要经营类别		
经营档次	中高档		
经营面积	2.6万 m²		
1F	珠宝黄金、化妆品、女装、女鞋		
2F	超市		
3F	超市		
电梯数量及品牌	中庭		
直行电梯	扶梯	货梯	无中庭设计
无	2部	无	
目标消费者	中高档消费者，以中青年女性为主		
平均租金	1F以扣点形式代替租金，化妆品在25%左右，女装和女鞋以品牌来定		

点评：

a）丹×虽定位为中高档购物中心，但国际知名品牌几乎没有，服装、鞋类的品牌以国内一二线产品为主。

b）化妆品仅有玉兰油、兰芝、欧莱雅这些合资和国内二线品牌。

c）一楼的经营情况一般，二、三楼超市的经营情况良好。

b. 步行街

××市步行街规模较大，步行街拥有门面房上千余家，面积在 90～130m² 的店面，占30%左右；面积在26～50m² 的店面，占65%左右；出租率达95%。

步行街主营服装和鞋，其他还有名表、中高档化妆品、家电、家具、食品、床上用品等，均为中高档次。主要品牌有：李宁、七皮狼、鄂尔多斯、柒牌、梦特娇、皮尔·卡丹等。

步行街主要面对的是中高层收入的人群，有政府公务员、私营企业主、国有企业科级以上人员、周边县市乡镇高收入者（表1-16）。

××市步行街店面租金情况　　　　　　　表1-16

店名	业态	面积（m²）	租金（元/间·月）	租金（元/m²）	税费（元）
××达	鞋	60	6000	160（老经营户）	1000
××服饰	女装	30	4500	190	

点评：

a）步行街经营以中高档服装为主，汇集了一大批国内一线及二线的服装品牌。

b）步行街的消费群体以中高收入人群为主，经营情况良好。

c）步行街的租金较高，每平方米每月的租金在140～220元之间。

（3）客户特征分析

三四线城市综合体项目的客户特征分析包括对购买客户、商业消费人群等的身份特征、消费目的等进行分析。如某四线城市综合体项目的客户特征分析：

1）购买客户特征

a. 客户以个人投资为主，兼有部分生意人。

b. 在调查中发现，××市人对街铺有极大的投资热情，所有在售项目基本都是个人投资客户为主，也有部分生意人购买用于自营或投资。

c. 对虚拟产权的商场有一定的抗拒性，这与××城的投资失败是分不开的。

2）商业消费人群特征

××市消费人群以本市市民为主，政府部门、行政事业单位人员、大企业领导层和私营业主为高端消费群，县市消费者近几年在××市购房、投资者人数逐渐增多。

（4）典型案例分析

在进行三四线城市综合体项目商业市场典型案例分析时，可以先根据项目所在城市主要的商业类型进行分类，然后再分别对各主要商业类型的典型项目进行分析，分析的重点包括项目主要的经营业态、档次、经营状况等。如某四线城市综合体项目的商业市场典型案例分析。

1）典型百货业分析

a. 典型商家——×百

第一首选品牌、中档大型百货购物广场。

负 1 层：大型生活超市，约 1500m²。

1 层：化妆品、饰品、服饰、彩扩。

2 层：数码、家用电器、五金工具、厨房用品。

3 层：鞋帽皮具、文体用品、乐器、照相器材、健身器材、学生用品。

4 层：精品男装。

5 层：精品女装、内衣、童装袜类、毛线布匹、羊绒衫、床上用品。

6 层：餐饮、电器、古玩。

超市及家电经营良好，其他一般，服装多为二线品牌。由于专业市场的兴旺，取代了一部分商业功能，导致百货业不兴旺，也反映出百货业经营档次不高。

b. 典型商家——家××

中高档生活类大卖场。

1～3 层经营服饰百货，部分 3～4 层经营餐饮、休闲、娱乐等。

其中大型超市经营状况良好，为周边面积最大的超市，其他业态一般。超市整体运作良好，人流较大，其他业态同样受到专业市场的挤压。

c. 典型商家——××文化广场

中高档购物休闲娱乐广场，经营业态集合了服饰、电影城、KTV、网吧、电玩、足浴等。

1～2 层：精品女装与时尚女装。

3 层：KTV 和食府，是 ×× 市最具代表性的集 KTV 娱乐和餐饮于一体的高档娱乐消费场所。

4 层：电影超市，七个电影厅，是 ×× 市内规模和档次都较为领先的电影城。

×× 文化广场是中心广场中高层次购物、休闲、娱乐的消费代表，在经营业态上形成了与 × 百和家 ×× 的结构性互补。

d. 百货业综述

（a）受到专业市场冲击，传统楼层普遍比其他城市同档发展落后。

（b）缺乏经典与品牌，商业层次不够，无法与具备替代功能的专业市场拉开距离。

（c）缺乏真正的百货业竞争，导致×百一枝独秀。

（d）失去同类型高档次竞争，导致百货业发展缓慢。

（e）是风险更是机遇，高端百货业具备良好的培育基础及市场教育引导消费的能力。

2）典型商业街分析

a.××商业步行街

业态构成：美食、服饰、网吧、娱乐、购物、电器商城。

现状：商铺销售状况非常好，但经营中美食街商家基本全部关门，其他商家经营也不景气。

主力商家：苏宁电器。

主要问题：步行街规划在宽度、对街的人流沟通等方面存在先天不足，主力商家对人流的拉动效果有限，高人流量的业态主力商家缺乏。

b.××酒吧文化街

业态类型：娱乐 KTV（××歌城、××娱乐城、××世纪 KTV、××视听歌城、××卡拉 OK、×天 KTV）、休闲宾馆（××商务宾馆、××机关宾馆）、餐饮（××牛排中西餐厅、××连锁、×萝咖啡、×士咖啡）。

经营档次：中档。

经营楼层：主要为 1 层。

业态组合：以酒吧 KTV 为主，配套餐饮、住宿等业态。

经营状况：当前各业态商家经营状况都较为理想。

租售方式：主要是租铺。

需求面积：由于一楼 KTV 商家主要为中档的小规模商家，使用面积约为 100 ～ 200m²。

c.商业街综述

××市除××酒吧街稍具商业街的形态且经营状况良好外，其他主题商业街尚未形成。××商业步行街在经历了开街后的短暂运转后，目前大部分商铺处于关门状态。由于××步行街的开发是在政府部门的大力支持下进行的，而××步行街的经营不善则在很大程度上导致广大投资客户对商业街的投资热情的大幅降低。

5. 酒店市场分析的要诀

由于酒店物业在三四线城市中的需求量较少，其一般在综合体项目物业组合中所占比例也比较低。酒店市场一般可划分为产权式酒店和非产权式酒店，非产权式酒店又可以分为高端酒店、中高端酒店、中端经济型酒店、中低端经济型酒店以及低端社会型酒店旅馆等类型。

为了挖掘具有较大发展潜力的细分酒店类型，策划人员在对酒店市场进行细分之后，需要对不同档次酒店类型目前的供求情况、未来竞争状况等分别进行分析，最后再对各类型酒店未来的发展空间进行总结。如某三线城市综合体项目的酒店物业市场分析：

（1）**酒店市场细分**

1）产权式酒店

2）非产权式酒店

a. 高端酒店（五星级）

b. 中高端酒店（准五星、准四星、四星级）

c. 中端经济型酒店（多为准三星或三星标准）

d. 中低端经济型酒店（多为二星与三星间标准）

（a）品牌连锁型

（b）本地自营型

e. 低端社会型酒店旅馆（多为一星级或二星级标准）

（2）**酒店市场供求情况**

××市酒店主要分布在××路沿线及火车站北广场附近，休闲度假型酒店主要分布在各大风景区。

1）酒店入住率

除产权式酒店外，××市各种类型酒店均存在入住率普遍高于 65%（表1-17）。

××市各种类型酒店入住率情况　　　　　　　　表 1-17

酒店	星级	入住率
君×大酒店	高端酒店（五星级）	68%
××瑞士大酒店	中高端酒店（准五星）	75%
××宾馆	中高端酒店（四星级）	75%

续表

酒店	星级	入住率
×× 国际商务酒店	中高端酒店（准四星）	70%
富 × 大酒店	中高端酒店（准四星）	70%
× 华宾馆	中端经济型酒店（三星、自营）	65%
华 × 大酒店	中端经济型酒店（三星、自营）	68%
×× 商务酒店	中低端经济型自营酒店	75%
汉 × 大酒店	中低端经济型连锁酒店	95% 以上
鼎 × 大酒店	低端社会型酒店旅馆	65%

2）酒店分布情况

市区内，以"三星级及以下的本地中端经济型酒店和低端社会型酒店"为主，高端酒店和连锁型经济酒店各仅 1 家，中高端酒店数量较少。

从全市范围来看：

高端酒店为连锁型，分布在前 × 路沿线，数量少，仅 1 家；

中高端酒店以本地自营性酒店为主，连锁经营品牌酒店较少，如 ×× 宾馆和 ×× 国际商务酒店，分布较散，数量较少，约 3 ～ 4 家，前 × 路沿线和市中心均有；

中端经济型酒店以本地自营居多，分布很散，数量较多，多集中在 ×× 广场周边；

连锁型品牌经营的经济型酒店很少，仅有 ×× 快捷和 ×× 之星两家，位于 ×× 广场旁；

中低端社会型自营酒店数量较多，市中心和 ×× 广场周边较多。

3）酒店需求情况

高端和中高端酒店以外资企业商务客户、江浙沪参加会议人员为主，年会议频次非常高，且商务会展客源比重有增多趋势（表 1-18）。

×× 市酒店需求情况 表 1-18

酒店	会议频次（次 / 年）	客户来源
×× 瑞士大酒店	100 次左右	上海企业为主
×× 宾馆	130 次左右	上海、苏州、本地客
×× 国际商务酒店	90 次左右	江浙沪
富 × 大酒店	60 次左右	上海、苏州、本地客

在旅游团队、商务散客和会议展览三大宗客户群体中，以三星级酒店为主要住宿地，驻留时间在两天之内的普通旅游团队比重相对降低，而以高星级酒店为主要住宿地，支付房价高的商务散客、会议展览比重明显增大。

（3）酒店市场未来发展趋势

酒店业属于典型的周期性行业。通过研究美国、英国、中国香港、中国的酒店市场周期变化，发现：景气上升阶段，出租率提高先于房价提高 1 ~ 2 年；景气下降阶段，出租率下降先于房价下降 1 ~ 2 年。

周期的高点通常并非在出租率的高点，而是在房价的高点。此时全面衡量酒店收益的指标 RevPAR（Revenue Per Available Room，每间可出租客房的收入，用于全面衡量酒店的收益。等于出租率乘以平均房价）达到最大化。这是因为当需求增加时，首先反映在出租率的提高，等到出租率达到酒店最佳收益点时，酒店运商才开始酝酿提高房价。

否则在景气初期即使提高房价，也可能是需求下降，影响出租率。而当供给增长较快时，首先是每家酒店的入住客人被分流，出租率下降。

为了保持出租率，酒店运营商开始降价吸引客人。以伦敦 1981 ~ 1991 年间的周期为例，1985 年伦敦酒店出租率达到高峰（83%），但平均房价在 1987 年才达到高峰（100 英镑），RevPAR 也在 1987 年达到高峰（81 英镑/客房）。

未来有 3 个五星级酒店项目入市，市中心 1 个，城 × 片区 2 个；× × 市多数开发商看好高端市场发展机会，但未来供应逐渐趋向饱和，竞争相对激烈。

1）× × 广场——× × 假日酒店（国际五星级酒店）

2）× × 湾——国际星级酒店

3）× × 财富广场——产权式酒店

4）× × 国际广场——国际五星级酒店

（4）酒店市场分析总结

× × 市的中高端酒店和中低端经济型酒店未来发展潜力较大，高端酒店有一定发展空间，但渐趋饱和（图 1-3）。

参考入住率经验数值，× × 市酒店总体供求平衡。高端酒店市场供求合理，中高端酒店略显紧缺，中端酒店市场供求合理，中低端经济型连锁酒店较紧缺，低端社会型酒店处于合理范围。

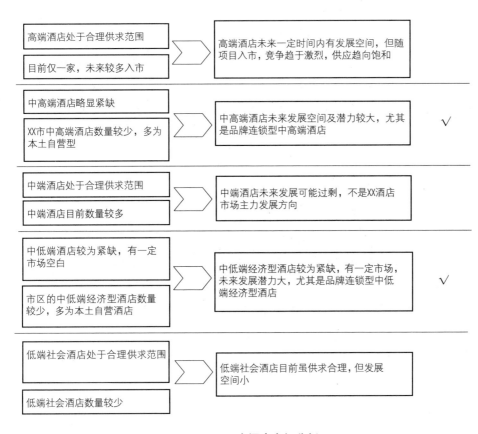

图 1-3　××市酒店市场分析

a. 高端酒店市场（五星级）由于客房结构、高投入、高成本引起的高价格定位等原因，处于合理略低区位，约为 68%，处于合理供求区间；

b. 中高端酒店市场（四、准五四星级）在房价升高同时，平均出租率达到 72% ~ 76%，处于最高位置，略显紧缺；

c. 中端酒店市场（三星或准三星标准）处较低位置，平均出租率约为 70%，处于合理供求区间；

d. 中低端经济型连锁酒店处于最高位置，平均出租率达 80% 以上，较紧缺，有一定市场空白；

e. 低端社会型酒店市场（二星级以下）处于合理略低位置，即 65% 之间，处于合理供求区间。

6.办公物业市场分析的要诀

办公物业一般有商住楼、商务公寓、写字楼、酒店式办公等类型，不同物业类型的需求程度与城市产业发展有着密切的联系。由于大部分三四线城市处于第二产业占主导地位，第三产业还处于发展的阶段，办公物业的类型主要以商住楼与商务公寓为主。在进行三四线城市综合体项目办公物业市场分析时，可以从办公物业的供应与需求两个方面进行分析，最后再进行总结。

（1）供应情况分析

在分析三四线城市办公物业的供应情况时，主要是对目前市场上存在的办公物业类型的区域分布情况以及各区域的产品形式、价格、户型等特征进行分析。如某三线城市综合体项目的办公物业市场供应情况分析：

目前 ×× 市办公物业主要分布在昆 × 区中心、高 × 区、青 × 区三大板块，昆 × 区作为写字楼传统热点区域存量及在售项目最多，高 × 区预计未来两年写字楼项目推盘较多。因高 × 区是政府重点规划的高新技术产业区，因此，引入大量企业入住，办公市场也因此而逐步发展成熟，政策扶持上有其他区域不具备的竞争优势。昆 × 区作为 ×× 市的老城区，在区域认知及商业配套方面仍然具有其他区域无法比拟的优势，随着旧城改造的逐步实施，区位优势也将越发明显。

×× 市现有写字楼市场主要以乙级写字楼和商住公寓综合楼为主，高品质、高形象、高层纯甲级写字楼数量较少。

1）昆 × 区中心板块

城市核心区域，传统商业、行政中心，高层产品为主，占位城市高端商务板块，吸引全市中高端服务企业（表 1-19）。

a. 区域资源：城市核心地段、齐备的设施、浓厚的商业及商务氛围、通达的交通条件，普遍认知的中央商务区。

b. 客户特征：主要客户是大型国企、金融类、能源、商贸类企业等。

c. 产品形式：高层。

d. 价格：7000 ~ 10000 元 /m²。

昆 × 区中心板块供应情况　　　　　　　　　　　　　表 1-19

典型楼盘	× 富中心	× 源大厦
规模	建筑面积: 5 万 m²（含商业 占地面积: 0.5 万 m² 地上 1 ~ 3 层为金融办公区和咖啡厅，4 层以上为高档商务写字楼 容积率: 10.0	建筑面积: 3.4 万 m²
产品形式	高层，26 层	高层，20 层
价格	4 月成交均价 13200 元 /m² 2 间起租，租金 2.5 元 /m²，4 层以上每层增加 0.05 元 /m²	目前报价 10000 元 /m²
户型面积	主力户型 102m²	面积区间 800 ~ 1500m²
销售状况	两套以上出售，去化速度一般。一月售出 1 套，三月 5 套	整层销售，大部分楼层已售
客户特征	主要是金融类企业	私营贸易类企业

2）青 × 板块

城市次中心，配套完善，区域环境优良，城市中高端商务板块，纯写字楼项目极少，多以商务公寓类产品为主（表 1-20）。

a. 区域资源：城市的经济中心区之一，配套设施完善，区域环境优良，区域认知较高，商务需求较为旺盛。

b. 客户特征：主要客户是金融、贸易类企业客户，部分个体老板等投资客。

c. 产品形式：高层。

d. 价格：6000 ~ 9000 元 /m²。

青 × 板块供应情况　　　　　　　　　　　　　表 1-20

典型楼盘	× 达广场	×× 商务大厦
规模	10 栋小高层住宅，总共 1700 套，4 栋配套楼栋，高层和写字楼各 2 栋高层	占地面积: 5507m² 建筑面积: 3.69 万 m²
产品形式	高层，地上 26 层，地下 2 层	高层，地上 26 层，地下 2 层（99m）
价格	办公 7300 ~ 7400 元 /m²	均价 8000 ~ 9000 元 /m²
户型面积	面积区间 110 ~ 130m²	可随意分割 120 ~ 1000m²
销售状况	已售完，去化速度很快	已售完，去化速度很快。小业主惜售，出租率很高
客户特征	个体老板、投资客	多是贸易、金融类企业办公自用，部分投资客

3）高 × 区板块

依托规划前景及产业发展拉动，价格平台呈现走高趋势，客户以入驻高

×区企业为主（表 1-21）。

a. 区域资源：依托高×区规划形成的城市新发区域，新区发展规划预期明确，入驻企业享有其他区域无法比拟的政策税收优惠。

b. 客户特征：主要客户是入驻高新区的企业办公自用，少部分投资客。

c. 产品形式：高层。

d. 价格：5000 ～ 7800 元 /m²。

高 × 区板块供应情况　　　　　　　　　　　表 1-21

典型楼盘	金 × 广场
规模	占地面积：1.6 万 m² 建筑面积：11 万 m²
产品形式	高层，地上 26 层，地下 1 层 1、2、4 号楼为办公，3 号楼为公寓
价格	办公均价 6300 ～ 7800 元 /m²，底商 25000 元 /m²
户型面积	主力写字楼户型 400 ～ 1600m²，底商 1000 ～ 3200m²
销售状况	整层或半层出售，已售完
客户特征	金融类企业办公自用

（2）需求情况分析

三四线城市办公物业的客户群体主要为中小型的企业，随着企业的发展，其对办公物业类型的需求也会发生变化。在分析三四线城市办公物业的需求情况时，应对处于不同发展阶段的企业需求特点进行分析，分析的要点包括企业对物业价格、面积、地段、形象等的需求特点，并总结可以满足企业成长实际需求的办公物业类型。如某三线城市综合体项目的办公物业需求分析：

××市办公物业企业客户以贸易物流、制造业、房地产中介、装修装饰等行业为主，规模偏向中小；投资客户以 ×× 市本地、上海、苏州及周边乡镇的小投资客为主。

1）办公物业主流客户类型

××市现阶段商务办公物业的主流客户以创业型、成长型的中小企业为主。未来 2 ～ 3 年内，现有的创业型企业演变为成长型企业和发展型企业，而 20 ～ 30 人规模的发展型企业将会成为市场上的主流客户。这一时期主流客户需求将会集中于中档和中高档办公物业，对高档商务公寓的需求将会大大增加。这部分客户除了可以接受较高价格外，对办公物业的面积和形象有更高的要求，另外对区位、交通、配套服务的要求也有所提高。

a. 创业型企业

创业型企业的规模在 10 人以下，需求和价格承受力十分有限，要求物业价格低、空间使用灵活、可商可住，是拉动商务公寓需求的后备力量。

（a）创业型企业由于规模和资金所限，同时对物业形象没有高要求，因此一般不会选择租金和售价较高的写字楼物业，而会选择性价比较高的商住公寓。

（b）×× 市市场上各类公寓的总供应量约有 40 万 m^2；即使市场上存在 1 万家创业型企业，最多也只能消化大约 70 万 m^2 左右，同时住宅还分流了一部分客户，因此公寓需求很大。

（c）由于公寓租售情况俱佳，投资客的投资热情高涨，后续项目上市量较大。

（d）随着 ×× 市商住公寓的热销，价格将持续走高。

b. 成长型企业

成长型企业的规模在 10 ～ 20 人，要求物业价格合适、面积实用、地段好、开始要求形象，是目前在售公寓项目的主力客户。

（a）成长型企业由于规模和资金所限，该类企业能够承受的写字楼销售价格在 6000 ～ 6500 元 /m^2 左右，因此，市场上售价较高的写字楼已经超出其支付能力。

（b）目前市场上大多数的商务公寓面积在 70 ～ 100m^2 左右，对于 10 ～ 20 人左右的成长型企业来说面积偏小；同时由于商务公寓的形象和商务配套越来越贴近写字楼，因此也能较好地满足成长型企业的需要。

c. 发展型企业

发展型企业规模在 20 ～ 50 人，要求物业形象好、价格中等，有商务配套、区位好，交通便利，以自有办公物业为主，较少购买当地产品。

（a）×× 市作为新兴的工业基地，第二产业占传统优势地位，大中型企业多以生产制造业为主。

（b）第三产业服务业起步较低，以商贸业为主；其中新兴的物流贸易类依托大中型生产加工企业，主要以中小企业为主，发展较为成熟的企业只占较小的比例。

（c）外地的大企业，一般都在自己的厂房设办公物业，较少购买当地的产品。

2）办公物业主流客户需求

××市的办公物业客户处于发展期，××市市场对办公物业需求的主流客户为贸易物流业、制造加工业以及高级服务业。

a. 贸易物流业企业处于发展挣扎阶段，其办公物业需求为低成本、可居住的商住楼。

b. 制造加工业客户处于规模成长与业务拓展的发展阶段，其办公物业需求为可接待客户、可住、可办公的商住楼。

c. 高级服务类企业处于创业阶段，其办公物业需求为客户导向型的商住楼。

3）××市办公物业客户分析

a.××市中小型企业约1000家，约60%处于发展期，是商务公寓的潜在客户。只有40%的企业已经成为商务公寓的客户。

b.××市商业办公的投资客主要来自上海、苏州和昆山本地，投资客队伍随着××市地产市场的发展而日益壮大。

c.××市商务公寓市场的企业客户在数量和需求上均处于成长阶段。

d. 投资型客户看好××市办公物业的阶梯式跳增期，未来将大量涌入××市的房地产投资市场。

e. 新型商务公寓可以满足客户成长阶段和实际需求，未来有发展空间。

（3）办公物业市场分析总结

在对三四线城市办公物业的市场供需情况分别进行分析之后，为了明确未来具有较大发展空间的办公物业类型，策划人员可以通过对比分析商住楼、商务公寓以及写字楼等不同办公物业在办公成本、配套、形象等方面的不同点，并结合综合体项目所在城市企业的办公需求，对办公物业存在的市场空白点以及未来具有较大发展潜力的办公物业类型进行说明。某三线城市综合体项目的办公物业市场分析总结见表1-22。

办公物业 KPI 分析：

办公物业市场分析 表 1-22

项目	普通商住楼	商务公寓	写字楼
办公成本	低廉	公摊面积小，租金、月供低，物业管理费低，付款方式灵活	公摊面积大，租金高，物业管理费高，付款方式单一，对现金要求高

续表

项目	普通商住楼	商务公寓	写字楼
配套设施	基本生活设施	配套齐全，办公环境好，商务氛围一般，性价比高	办公环境豪华，商务氛围浓厚，性价比低
功能	以居住为主，办公功能没有在产品中体现	主要满足客户的功能需求，可商可住	满足客户的形象需求，只能用于办公
现金流	能够实现现金流的快速回流	项目现金流的承担者，能够快速回现	回现较慢，销售速度较慢，不作为项目现金流的承担者
形象	住宅形象，不利于公司的专业形象	对项目形象提升帮助不大	有助于打造项目整体的高端形象
地段交通	交通不便，不具有昭示性	处于非商务中心区，交通通达性一般	处于商务中心区，交通通达性很好

××市办公物业分析总结：

1）××市不适合发展纯写字楼，现有办公多为工厂自建楼、改造型旧写字楼和住宅性质办公物业，商务公寓概念刚起。

2）××市有较多办公物业客户的潜在需求未被满足。

3）××市未来办公企业规模将会进一步增加。

4）市场上出现新型办公物业项目销售状况良好。

5）从市场层面和城市办公物业发展阶段来看，××市仍有办公物业空白点存在，且满足客户需求的新型物业类型更有可能被接受。

6）××市商务公寓市场的企业客户在数量和需求上均处于成长阶段。

7）投资型客户看好××市办公物业的阶梯式跳增期，未来将大量涌入××市的房地产投资市场。

8）未来企业和投资客户特征符合新型商务公寓对应客户特征。

9）新型商务公寓与纯写字楼、住宅小区或以住宅立项的商住楼对比，对客户有明显吸引力。

10）新型商务公寓可以满足客户成长阶段和实际需求，未来有发展空间。

7. 各细分物业市场分析总结的要诀

在对三四线城市综合体项目的住宅、商业、酒店、办公等各细分物业的市场供需状况及发展趋势进行分析之后，需要对各细分物业开发的风险及市场机会分别进行总结，并说明本项目可能发展的物业类型及发展时机。如某三线城市综合体项目的细分物业市场分析总结：

（1）各细分物业开发的风险与机会

1）酒店市场：风险最高，周围已经有几个××市最大的酒店，且资金回收期太长。

2）商业市场：风险最低，存在明显的市场机会。无论从××市总体商业市场还是本区域来看，都存在中小型沿街商铺的市场空缺，可参考价格为20000元/m²。

3）商务市场：风险较低，市场处于上升期，具有一定的结构性机会。公寓6500～7500元/m²；写字楼8000～10000元/m²；目前成长型企业需求的性价比物业比较缺失。市场正处于上升期，未来几年内中高档商务公寓楼将出现明显的需求。

4）住宅市场：风险较高，虽然××市住宅市场整体势头良好，但项目本体的约束较大，开发可用于住宅的商业物业来弥补这个不足。

市场风险性排序：酒店＞住宅＞商务＞商业。

（2）市场策略

1）标杆市场策略

竞争需求：未来直接竞争项目品质较高，项目要取得市场的关注，必须提供市场标杆产品，形成市场标杆的品质。

项目需求：从项目整体定位的需求考虑，商务公寓及纯写字楼是项目品质定位的重要载体之一。

2）适当扩展市场覆盖面策略

竞争需求：直接竞争项目主打中端、中高端市场，产品大量集中在这两个市场范畴，而中端市场可超越空间大。

项目需求：项目的商务产品规模较大，且承担着一定的现金流快速回笼的功能。

3）项目发展可能

项目发展可能见表1-23

项目发展可能分析　　　　　　　　　　　　表1-23

功能方向	发展可能	发展时机
商业	社区服务型、区域生活型	适当体量，特色化发展
酒店	高星级酒店，差异化	市场良好，现实有空间

续表

功能方向	发展可能	发展时机
写字楼	部分高端、专业写字楼	少量发展具有基础
公寓	SOHO公寓、酒店公寓	现实具有基础和空间
住宅	中高端、高端住宅	土地用途及高容积率限制,不适宜发展

（3）客户需求分析

1）本项目紧邻市政府,对于商务投资者和办公者都是有较大的市场需求。

2）现今市场缺乏公寓的创新,创新形式的公寓产品可能会吸引更多的、更高端的投资客。

3）周边区域的富人更愿意投资核心地段的高档物业,因为回收效益高,升值潜力大。

从市场和需求的角度来分析,本项目在公寓项目上若针对小户型投资者有较大市场空间,在较好的市场背景下也可以进行创新尝试。

根据公寓KPI指标,本项目未来公寓的需求以投资为主,自用为辅,其中又以自用办公为主,居住要看后期如何定位与设计创新（表1-24）。

客户需求分析   表1-24

目标客户		KPI（关键绩效指标）	本项目的契合程度
投资		总价不高	★★★★★
		区位优势明显,升值潜力巨大	★★★★★
		产品形象价值高	★★★★
		对使用功能不太敏感	★★★★★
		终端消费客户群明显	★★★
自用	办公	对周边商服要求高	★★★★
		交通便利、配套完善	★★★★★
		最好临街	★★★★★
		可以自由分割空间	★★★★
	居住	生活便利、配套完善、交通便利	★★★★★
		户型实用,采光通风良好	★★★
		总价较低,资金压力小	★★★★
		定位要时尚	★★★

（4）市场分析总结

目前公寓市场较好，但产品品质较低，处于初级阶段，多以个体小公司办公租用，自住性能不佳，市场缺乏创新产品。

市场竞争：

本项目与其他大部分公寓产品相比，更靠近城市核心地带，作为投资有更大的升值潜力和收益价值。

消费者需求：

目前××市与周边地区的消费者、投资者都看好××市房地产市场，有不少人前来投资，不过市场基本为较低端的商务公寓，缺乏创新性产品，应更合理有效地利用好土地。

××市公寓市场正处于初级状态，公寓产品一般品质较低，但是有相当多的投资者来××市投资公寓，大多为个体散户，购买后租给个体小公司用。这种商务小公寓的居住环境不佳，极少有人自住，目前市场缺乏创新产品的尝试。

三、详细的项目地块分析

对于三四线城市综合体项目，地块是否适合商业综合开发是策划人员所应关注的重点。为了全面挖掘地块的价值，一般可以从地块的经济技术指标、区位、交通、配套等角度展开进行详细的分析。按项目地块所处的区位，三四线城市综合体项目可以划分为市中心型综合体项目和副中心型综合体项目，下面将分别对其地块分析的要诀进行分析。

1. 市中心型综合体项目地块分析的要诀

对于在三四线城市中心区域开发综合体项目的，其地块周边一般商业氛围浓厚、交通配套完善，但同时其竞争也较为激烈。因此，在进行分析时，应重点对项目地块有别于区域其他地块的差异化特征特色进行分析说明。某四线城市综合体项目的地块分析见表1-25。

（1）地块主要技术指标

地块主要技术指标   表 1-25

规划总用地面积（m²）	32977.9
总建筑面积（m²）	166193.8
住宅建筑面积（m²）	119149
商业建筑面积（m²）	20042
酒店（m²）	22680
公建（m²）	4322.8
地下车库面积（m²）	22152
建筑占地面积（m²）	10857
容积率	5.04

（2）地块四至

项目西向隔 × 江中路和沿江风光带望 × 江，中间无任何建筑遮挡，具有一线江景。

（3）地块内部

地块较为规整；内部有一定的高差；临 × 一路一侧与路面基本持平，但南面与 × 江一桥引桥存在一定的高差。

（4）区位综合属性

1）自然资源

a. 具有无与伦比的无敌江景资源，加上日渐稀缺的城市的市中心地段，堪称最具价值的江景物业。

b. 具备打造成高端江景住宅的无上条件。

2）商业

a. 地处最繁华的商业中心，是 ×× 市商业氛围最浓厚、商业价值最高的城市核心商圈。

b. 百货云集，是百货商家必争之地。

c. 具备打造高档百货的区位条件。

3）酒店业

a. 项目周边酒店林立，商务氛围非常浓郁，是 ×× 市酒店最为集中的区域。

b. 具备建设高档酒店的区位条件。

4）商务楼

a. 地处城市最繁华的中央区，周边写字楼林立，聚集了 ×× 市大部分的商务楼和不同规模的公司。

b. 商务氛围浓厚，有利于形成商务楼的聚集效应，具备建设商务楼的区位条件。

5）地块属性综述

a. 成熟的核心地段——地处中心商圈、交通发达、配套完善。

b. 具备独一无二的江景资源。

c. 城市最繁华的商业中心区。

d. 城市酒店最集中的地区。

e. 城市最集中的中央 CBD 区域。

2. 副中心型综合体项目地块分析的要诀

对于在三四线城市副中心区开发综合体项目的，其地块处于开发的初始阶段，商业环境一般较差，配套设施不完善。因此，在进行分析时，除了对地块的现状进行描述之外，还应重点对地块的未来规划及发展潜力进行分析。如某四线城市综合体项目的地块分析：

（1）地块位置

1）本地块位置规划

东至：天 × 大道

南至：×× 二路

西至：衡 × 大道

北至：×× 四路

总占地：约 36 万 m^2

总建面：约 80 万 m^2

地块四至：

东侧：外国语学校

西侧：在建小区

南侧：空地小区

北侧：×× 学院

2）地块经济指标

地块经济指标分析见表 1-26

地块经济指标 表 1-26

地块编号	用地性质	地块代号	用地面积（m²）	容积率	建筑密度	绿地率
地块一	商业、办公、文化、娱乐	C1、C2、C3	131685.89	≤ 1.8	≤ 45%	≥ 25%
地块二	商业、办公、文化、娱乐	C1、C2、C3	67375.18	≤ 1.8	≤ 45%	≥ 25%
地块三	二类居住用地、商业用地	R2	56386.81	≤ 3.0	≤ 30%	≥ 35%
地块四	二类居住用地、商业用地	R2	103680.39	≤ 3.0	≤ 30%	≥ 35%

从地块经济指标上分析：

a. 高容积率——使本项目产生小高层或高层产品，产品将会相对复合多样性；

b. 建筑不限高——给本项目提供了更大规划设计空间的条件；

c. 项目规模大——是该区域市场规划建设比较大的楼盘；

d. 项目独具特色——采用中国台湾主体文化为背景，设计独具特色。

3）地块现状

a. 地块目前是空地，净地；

b. 无建筑物，场地较易平整；

c. 地块呈梯形状，利于规划设计。

4）地块周边道路

地块周边道路通畅，通达性较好。

a. ×× 四路、×× 二路东西连接主干道；

b. 衡 × 大道、西 × 大道南北等连接市区；

c. 地块东侧的天 × 大道往南连接市区，尚未修通，修通后，项目的道路系统更加流畅。

（2）地块区位分析

本案项目地块位于 ×× 区板块南部区域，在城市功能规划布局上属于经济开发区板块；在城市规划上，属于未来城市规划重心区域。

（3）交通配套分析

1）周边配套环境分析：

缺乏商业及生活配套，随着该区域的发展，未来将得到完善，本项目的商业充分弥补了该区域的配套，同时也为本项目带来了巨大商业机遇。

2）周边交通环境分析：

交通网络发达，通达性好，但公共交通系统不完善，随着区域发展，该区域的公共交通将得到完善。目前有 17 路、23 路公交车直达本案。

3）人文环境分析：

地块周边有 ×× 学院、职业技术学院、经济技术学院、外国语学校等，为子女就学带来了极大的便利，博物馆、科博馆均在地块周边，为客户提供了极优越的文化服务。

四、客观的SWOT分析

三四线城市综合体项目 SWOT 分析是指在对项目的宏观环境分析、房地产市场分析以及项目地块分析之后，总结项目自身的优势、劣势以及存在的机会、威胁，并对项目如何发挥优势、克服劣势、抢占机会、避免威胁等提出相应的策略。

1. 市中心型综合体项目SWOT分析的要诀

对于市中心型的三四线城市综合体项目，在进行 SWOT 分析时，一般可以从项目区位、交通、配套等角度充分挖掘项目的优势，从城市经济发展、布局规划等角度突出项目存在的机会，并从市场竞争情况说明项目的劣势以及面对的威胁。如某四线城市市中心型综合体项目的 SWOT 分析：

（1）优势

1）本项目地处 × 河路与 × 州路交汇处西南角的位置，城市核心商圈区域，符合大型商业选址标准，× 州路与 × 河路连接新老城区，未来将发挥更重要的价值；

2）本项目的交通道路条件较好，交通便利，可达性及可见性高，对于定向招商引进主力店来说，拥有非常好的硬件条件。

（2）劣势

1）地处城市中心，周边商业鱼龙混杂、缺乏主题，难以形成商业合力；

2）项目四周商业林立，被四大商圈环绕，项目周边缺乏集中式商业。

（3）机会

1）按照 ×× 市未来商业整体布局规划，× 州路沿线为市级商业中心，未来商业项目最为集中；南面通往一×路、二×路是未来××市政务新区，沿线的商业项目较少；

2）××市已有的购物中心存在硬件落后、购物环境不够人性化的问题，在这方面将是项目重要的机会点；

3）随着××市经济的高速发展，购买力也会持续增长。

（4）威胁

1）××市多个潜在商业中心正在规划打造中，多个项目定位高端，势必加剧未来市场竞争；

2）项目附近多个项目正在开发建设，其中不乏集中式商业项目。

（5）SWOT 组合分析

SWOT 分析见表 1-27

SWOT 组合分析　　　　　　　　　　　　　　　　表 1-27

SWOT 分析	优势	劣势
机会	发挥优势，抢占机会 1）利用公司品牌及资源整合优势，加大项目宣传推广力度； 2）充分挖掘项目区位优势、交通优势，填补市场缺位，抢占市场； 3）充分利用好已有购物中心的短板弱项，差异化竞争，确立市场优势	利用机会，克服劣势 1）利用项目大体量、多业态的标杆形象，扩大项目辐射商圈； 2）充分利用好项目周边人流优势，将途径项目的人流变成来项目消费的客流； 3）差异化定位，与城市中心及周边商业错位互补
威胁	发挥优势，转化威胁 1）通过借势推广，凸显项目形象，提升项目核心竞争力； 2）企业通过资源整合力、资本运作力，充分培育市场，增加经营商户对项目的投资信心	减小劣势，避免威胁 1）适度超前的市场定位，避免与周边项目的同质化竞争； 2）产品创新、差异化经营； 3）寻求政府合作，完善周边市政设施，提升商业环境

2. 副中心型综合体项目SWOT分析的要诀

对于副中心型的三四线城市综合体项目，在进行 SWOT 分析时，一般可以从地块的规模、开发企业的品牌等角度充分挖掘项目的优势，从新区未来的规划发展、目前市场的空白等角度突出项目存在的机会，并从项目目前交通配套等的不完善、商业商务氛围不成熟等说明项目的劣势以及面对的威胁。如某三线城市副中心型综合体项目的 SWOT 分析：

（1）SWOT 单因素分析

1）优势

a. 良好的可视性；

b. 具有很好的临界长度；

c. 地势平坦，具有自然河流；

d. 周边道路设施良好；

e. 品牌具有较好的知名度。

2）劣势

a. 周边人口密度不高；

b. 周边公共交通配套设施不完善；

c. 项目所处地段商业商务氛围不成熟；

d. 形状不规则，进深较小。

3）机会

a. 火车站南广场及人行天桥的建立有利于人流导入；

b. 政府规划火车站商圈的建立；

c. 本区域配套商业几乎空白，存在市场机遇。

4）威胁

a. 已建项目，如 ×× 国际对本项目存在竞争关系；

b. 火车站南广场商业及 $533333.33m^2$ 土地开发可能对本项目形成竞争关系。

（2）交互分析

1）优势＋机会：

a. 加快开发速度，抢占市场先机和空白；

b. 与政府部门配合，从火车站南广场商圈角度，引导规划，使规划有利于本项目。

2）优势＋威胁：

a. 与已建项目进行适当的错位经营；

b. 对火车站南广场商业及 $533333.33m^2$ 土地与政府配合，进行互补开发，共同打造南广场商圈。

3）劣势＋机会：

a. 与政府合作，提高火车站南广场的规划水平，加快本区商业的成熟；

b. 将本项目与南广场进行有效连通，提高本项目商业规划水平。

4）劣势＋威胁：

a. 与已建竞争项目形成差异化互补，共同完善本区商业氛围；

b. 对未建竞争项目，一是加快自身开发速度，二是进行协调配合。

（3）综合分析

在四个交互分析的基础上，进行综合分析，得出总体战略。

1）加快开发速度，抢占市场先机；

2）与政府配合，协调规划、整体开发；

3）差异化经营，加强区域商业互补性。

第2节　三四线城市综合体项目准确定位的要诀

准确的项目定位是三四线城市综合体成功开发的关键。跟一二线城市综合体项目不同的是，三四线城市综合体项目不能一味追求档次和规模，其定位应结合项目所在城市的经济发展情况、市场的实际需求以及人们的消费特点等内容，做好项目的整体定位以及各物业类型的产品定位、目标客户群定位等。

对于三四线城市综合体项目，在对项目进行全方位的定位之前，需要明确项目的发展模式，即确定项目的物业组合类型以及主导的物业类型。三四线城市综合体项目常见的发展模式主要有以商业为主导的发展模式、以办公物业为主导的发展模式以及住宅、公寓、商业、写字楼等各种功能均衡发展的模式。本节将分别对各种发展模式三四线城市综合体项目定位的要诀进行详细的说明。

一、项目发展模式确定的常用方法

三四线城市综合体项目发展模式确定的常用方法有以下几种：

方法一：

通过对住宅、公寓、商业、写字楼、酒店等不同物业类型的市场需求、竞争状况以及市场机会进行综合分析，总结各类物业开发的可行性，然后再分别评价本项目可能采用的各发展模式在开发风险与机会等方面的特征，最终选择最有利于本项目发展的模式。某三线城市综合体项目的发展模式确定（表 1-28）：

（1）发展方向综合分析与判定

以投资型带底商的商务公寓为主，并在此基础上有所创新，纯写字楼产品根据市场状况择机发展。

不同物业类型的市场分析　　　表 1-28

类型 因素	住宅	商务公寓	纯写字楼	底商	酒店
市场需求	1）××市场需求旺盛，供不应求； 2）客户多为××市中产阶层及以上，为改善现有住房条件为主	1）××市市场需求旺盛，有新盘必有很多投资者前往购买； 2）××市及周边投资客较多，终端一般为起步型小型企业	1）××市纯写字楼刚刚开始起步，大型写字楼的需求初现端倪； 2）一些较大的企业和国家级金融单位需求	1）商业在××市人口较多，生活休闲的城市很有市场； 2）××市吃文化特别兴盛	1）××市市场需求不是很稳定，7～9月旅游旺季爆满； 2）主要以企业会议型、商务型客户为主，来源不稳定
竞争状态	各个新楼盘在××市拔地而起，价格也不断上涨，如今主要集中于第二圈层，竞争相当激烈	市面上已有的商务公寓都已经一卖而光，新开盘的商务公寓不多，且创新形式少	××市以前没有纯写字楼，近两年开始如××融广场等纯写字楼都是刚刚兴起，市场如何还需进一步观察	1）遍街的小吃店是××市商铺的一大特色； 2）×百商圈和×林商圈是××市最大的两个商业区	核心地段的四大酒店各有千秋，但是也不能保证客源稳定
市场机会	竞争太大，本项目所具备的条件主要受地块面积的限制，不适合与其他普通住宅竞争，机会较小	与其他公寓相比，本项目各种条件都比较成熟完善，且可以在新建项目上有所创新，机会很大	每个城市都在向高端发展，且写字楼溢价较高，纯写字楼是必然的趋势，但是××市刚刚兴起纯写字楼。机会较大，可以尝试，但需择机发展	作为核心地段的底商，只要用作贴近百姓生活的商业，盈利机会是很大的	在高成本，不稳定的客源及周边高档酒店竞争的条件下，想要快速回现，机会很小
总结	★★	★★★★★	★★★	★★★★★	★

（2）功能发展模式的评价与甄选

在当前的市场竞争环境下，以商务、餐饮娱乐目的性消费等作为先发业态，市场风险更小，发展纯写字楼项目市场尚在培育期，可以后期发展（表 1-29）。

功能发展模式的评价与甄选　　　表 1-29

	功能配套方向	区域特征	项目开发条件	竞争性	区域造势效果及品牌提升度
1	商务带动方向	√	√	标杆性较强	较好
2	高星级酒店带动方向	√	√	标杆性强	与周边高星级酒店直接竞争

续表

	功能配套方向	区域特征	项目开发条件	竞争性	区域造势效果及品牌提升度
3	零售商业带动方向	目前尚未成熟	市场培育成本高	体量大，市场风险大	与中心商圈直接竞争
4	目的性消费带动方向	√餐饮娱乐有市场机会	较强	较好	

（3）对本项目物业功能的思考

对本项目物业功能的思考见表1-30。

本项目物业功能情况　　　　　　　　表 1-30

开发模式	本项目适应性	发展方向判定
商业开发引领	并非处商圈核心位置，但处主要商圈辐射范围内，将与之发生正面竞争，位置不具优势风险较大	×
商务功能引领	本项目商务功能具有发展基础，且城市、区域未来具有需求空间	√
酒店功能引领	市场良好，现实有空间，但周边竞争较为激烈且本项目受到委托方通过出售酒店项目快速回现的限制性条件约束，不适宜发展	×
目的性消费带动	有效吸引人群，改变区域人气弱的局面，但目的性消费对其他物业功能人流贡献有限，如家居、建材等价值较低，结合度较高的餐饮、休闲、娱乐、电器卖场为配套及有效物业组合	√

方法二：

通过罗列城市综合体项目常见的各种发展模式成功开发的关键因素，然后将本项目自身的优势与各发展模式的成功关键因素进行比较分析，并确定本项目适合的发展模式。如某三线城市综合体项目的发展模式确定：

主导物业类型：本项目应以商业为核心功能，以商业为项目主导（表1-31）。

某综合体项目的发展模式　　　　　　　表 1-31

	模式一：酒店、写字楼、商场、公寓等各种功能均衡发展的模式	模式二：以写字楼为核心功能的发展模式	模式三：以酒店为核心功能的发展模式	模式四：以商业为核心功能的发展模式
外因	1）优越的地理位置——CBD/城市中心； 2）便利的交通条件——主干道沿线/地铁口； 3）较大的规模——建筑面积20万m²以上	客户（产业）支撑——已形成产业簇群/引入核心客户带来相关簇群/未来商务核心区	1）地理位置——不远离城市核心区； 2）交通可达性——主干道沿线； 3）客户支持——商务客户	1）地理位置——城市核心区； 2）交通可达性地铁口/主干道沿线； 3）区域功能的缺乏，需求旺盛； 4）人流及商业气氛

055

续表

	模式一：酒店、写字楼商场、公寓等各种功能均衡发展的模式	模式二：以写字楼为核心功能的发展模式	模式三：以酒店为核心功能的发展模式	模式四：以商业为核心功能的发展模式
内因	1）强制性的视觉冲击——超高层/建筑群； 2）高水准规划设计——各功能共融不互扰； 3）功能化体系——五星级酒店/甲级写字楼/高档/中高档购物中心/顶级酒店式/服务式公寓； 4）专业的管理团队——物业管理/经营管理	1）强制性的视觉冲击——超高层/建筑群、写字楼大堂昭示性； 2）功能化体系——写字楼带动其他功能，并定位其他功能的规模与档次； 3）配套完善——商场、公寓	1）强制性的视觉冲击——超高层/建筑群； 2）定位差异化——通过提供顶级差异化服务而非直面竞争建立其核心地位； 3）功能化体系——五星级酒店带动公寓、写字楼，并定位其规模； 4）与档次配套设施——顶级商场	1）明确定位——大规模综合、娱乐性、观光性、顶级等； 2）独具特色——建筑形式、业态、服务内容等； 3）功能化体系——商业为主导，其他功能为辅； 4）一流的合作团队规划设计/经营管理

方法三：

先对不同物业类型开发的优势和劣势分别进行比较分析，然后再结合项目所在城市各物业开发的实际情况，选择合适的物业类型并对其发展策略进行简要的说明，最后再确定项目主导的物业类型并阐述其与其他物业之间的相互促进作用。某四线城市综合体项目的发展模式确定见表1-32、表1-33和图1-4。

1）项目整体定位思考

项目整体定位　　　　　　　　　　　　　　　表 1-32

功能定位	开发方向	经营策略	优势	劣势
商业功能	购物中心	自行经营/出租/销售	具备较大市场潜力，多主力店入驻经营，风险系数较小，且有长期收益	市场培育期较长，前期回现速度慢，多主力店不利于商铺的分割销售
商务功能	写字楼、SOHO办公	出租/销售	市场供应不强，作为商务配套，写字楼市场空间较大，具有较高物业形象	写字楼溢价能力不高，需求客户单一，回现速度慢
商住功能	SOHO公寓、酒店式公寓	出租/销售	市场认同度高，宜商宜住，销售灵活，溢价能力较强	总销售套数较多，对销售造成较大压力
酒店功能	经济型酒店、星级酒店	自行经营/出租/销售	填补区域内市场空白，有利于提升项目整体形象	不利于分割销售，无法快速回笼资金
居住功能	住宅	销售	市场接受度高，区划速度快，减轻销售压力	建筑面积小，纯住宅开发收益率低

2）物业型态组合判断

物业型态组合判断 表 1-33

功能	类型	概念表现	判断	选择
商业	主题型购物中心 复合型购物中心 区域型购物中心	City Mall	1）××市商业市场，集中式商业较多，本案在体量上没有绝对优势； 2）差异化竞争，在单一业种上形成品牌与种类上的竞争优势	√
商务	写字楼	——	1）××市市场上写字楼的议价空间低于公寓产品； 2）××市产业结构对写字楼支撑不强，第三产业中活跃着规模庞大的中小型企业，其无法承担纯写字楼较高的租金	×
公寓	SOHO 公寓 LOFT 公寓	SOLO 公寓	1）××市商务公寓销售旺盛，市场出租良好； 2）区域内已存在大量下游产业中小型公司，当前多数没有专门的办公用房，需求商住公寓； 3）本案如持有，同等投入商务公寓快销程度高	√
酒店	星级酒店 酒店式公寓	——	1）××市市场上 3 星级酒店受经济型酒店冲击较大，经营状况不佳； 2）高星级酒店所需配套较多，不利于销售回笼资金； 3）经济型酒店与商业及公寓的档次不匹配	×
住宅	精品住宅 小户精装房	TOP 公馆	1）与周边住宅项目相比，本案住宅部分体量偏小，环境不佳； 2）应充分挖掘商业上高端形象，提升住宅项目品质	√

3）物业型态组合模型

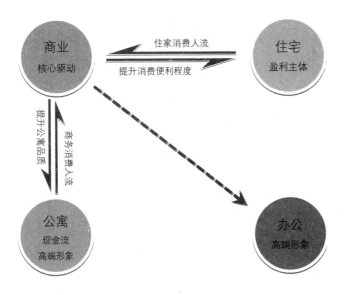

图 1-4 物业型态组合模型

方法四：

通过对项目可能采取的各物业组合方向的优劣势进行评价和对比之后，确定项目的发展模式。如某三线城市综合体项目的发展模式确定：

本项目发展定位上存在两种组合方向：

1）纯中高端写字楼、商务公寓、区域商业引领

优势：

该项目处于城市消费的中高端，受众面广，可获得较大市场空间。

劣势：

a. 市场存在项目自身定位层面较单一的问题；

b. 受城市、市场的限制，招商难度大，项目商业体量上受限制；

c. 高端市场培育的难度大，成熟、成形需时长。

2）区域商业、商务公寓引领

定位模式特征：商务公寓对业态组合的档次要求比较宽松，可与品牌百货（如百盛）、品牌超市卖场（如家乐福）以及娱乐、餐饮、休闲等功能产品共同组合；可采用酒店式公寓的物业管理委托；在商业形态上可结合发展区域型生活服务商业等模式。

物业发展策略：中档、中高档休闲、娱乐、餐饮。

公寓的发展模式：普通公寓、SOHO 公寓、酒店式公寓。

定位方向评价：

优势：

综合定位，比较符合本项目区域的属性；招商、市场培育相对具有更多操作空间；可回笼资金的商业部分具有一定面积，资金风险相对较小。

劣势：

a. 商业规模具有较大的量，基于市场和商家的判断，成形需要较长的时间，难与项目整体开发匹配；

b. 商业部分投入大，在资金占用上对项目开发影响较大。

综合两个定位方向思考，建议采用此组合方向，并规划上充分考虑分期建设的可能。

二、以商业为主导的三四线城市综合体项目定位的要诀

对于以商业为主导的三四线城市综合体项目，其常见的物业组合类型有商业＋公寓＋住宅、商业＋公寓＋酒店等，其中，商业最主要的开发类型有百货商场、商业街、批发市场等。

对于处于不同区位的综合体项目，其产品定位、客群定位需要注意的要点也不尽相同，下面将分别对以商业为主导的市中心型三四线城市综合体项目和副中心型三四线城市综合体项目定位的要诀进行详细的说明。

1. 以商业为主导的市中心型三四线城市综合体项目定位的要诀

以商业为主导的市中心型三四线城市综合体项目具有交通便利、周边商业氛围浓厚等特点。在进行项目定位时，应充分考虑到周边商业项目对本项目的影响，其整体商业定位应具有差异性，具体包括形象定位、商业业态业种定位等的差异化。而对于住宅、公寓等组合物业的产品、目标客户群定位，则应充分利用其城市中心的区位优势及市场机会分别进行定位。如某四线城市综合体项目的定位：

（1）项目功能定位

本项目可能包括以下物业功能类型：

商业功能：购物中心。

商住功能：SOIO 公寓。

居住功能：Top 公馆，Moho 精装房。

商务功能：SOHO 办公。

（2）项目规模定位

根据项目现有容积率初步确定可实现规模（表 1-34）：

项目初步确定可实现规模　　　　表 1-34

类型	面积	楼层	经营面积占比	项目规模占比	备注
商业	43382m²	B1～6F	49.3%	44.9%	单层面积 5742m²
公寓	17476m²	7F～30F	25.0%	18.1%	单层面积 728m²
住宅	17952m²	7F～30F	25.7%	18.6%	单层面积 748m²
车位	17855m²	B2～B3	——	18.5%	单层面积 8928m²

综合以上定位通过微调方式修正规模（表 1-35）：

通过微调方式修正规模 表 1-35

微调方式	商业		公寓		住宅		备注
	面积	占比	面积	占比	面积	占比	
商业地上 6 层	43382m²	55.0%	17476m²	22.2%	17952m²	22.8%	——
商业地上 5 层	37640m²	47.8%	20325m²	25.8%	20825m²	26.4%	公寓单层面积 813m² 住宅单层面积 833m²
辟 9m 内街	37640m²	47.8%	20325m²	25.8%	20825m²	26.4%	商业部分设置室内商业街

占比：指类别物业占项目经营面积的百分比。

商业地上 5 层：此方案为减少商业面积，同时增加公寓住宅面积，详细分配方案见表 1-36。

商业地上 5 层面积配比方案 表 1-36

方案	公寓			住宅			备注
	层数	单层面积	总面积	层数	单层面积	总面积	
方案一	6～30	813m²	20325m²	6～30	833m²	20825m²	同时增加住宅、公寓面积
方案二	6～30	898m²	22450m²	6～30	748m²	18700m²	住宅单层面积不变
方案三	6～30	880m²	21991m²	6～28	833m²	19159m²	减少住宅层数
方案四	6～30	958m²	23946m²	6～28	748m²	17204m²	追求公寓面积最大化

（3）项目形象定位

1）主题形象定位

区位属性：城市进入"复合时代"，新型商业将引导全新生活方式。

市场竞争：区域商业缺乏差异化，区域内其他商业项目多主打百货服饰。

项目特质：涵盖各种物业的城市综合体，拥有地段和交通双重优势。

需求分析：除了最基本的使用诉求外，更向往生活方式与精神理念的提升。

城市综合体：弱化竞争，提升价值，树立品牌。

主题形象定位：

家庭元素是每个购物中心必不可少的元素之一，是支撑项目持续繁荣的重要动力。伴随人们对消费环境、消费形式要求的提高，体验式消费已成为现代都市消费风尚，时尚潮流的涌动催化着购物中心整体档次与形象的提升。在喧闹、拥堵的都市消费中，休闲文化的深度表现，给项目注入更多的鲜明个性。

形象统领：

时尚中心——××时代广场；购物到××，时尚多一点。

2）产品文化定位

a. 家庭文化

是指家庭的物质文化和精神文化的总和，具有自发性和凝聚性的特点；市场中良好的家庭文化元素将给消费者更加贴切的消费环境。

b. 体验文化

通过人的感觉器官与思维能力，对所经临的环境与过程，进行体会与体验。体验不仅仅在景区，现在人们日常生活中同样注重体验。

c. 时尚文化

是一个社会时代变迁的文化缩影，它具有崭新性、前沿性、活跃性的特征。总是折射出社会最新的文化元素，与流行元素零距离亲近，总是在最短的时间内成为最时尚的社会景观。

d. 休闲文化

是人类生活的一种重要特征，是人们一种崭新的生活方式、生活态度。

建议：将各种文化要素深度融入购物中心内外，不仅要从项目景观设计、形象塑造等方面融合文化内涵，更要在项目的推广、营销管理等方面与文化要素契合。

任何项目营销的成败都取决于三个要素的左右，即核心竞争力＝产品力＋形象力＋销售力，项目未来的形象推广、形象建设就离不开产品力。产品本质的差异就决定了一切差异的基础，也正因为产品的差异，才塑造出各类产品不同的差异形象。

从产品力突破产品形象（表 1-37）：

项目的产品形象 表 1-37

产品梳理	价值表现
产品稀缺价值表现	项目地处城市之心，投资考虑的三要素"第一是地段、第二是地段、第三还是地段"
产品深度利益链接	以体验性、情景化的购物中心形象深度融合周边大环境，成为都市难得的一块环境优美、商品丰富的休闲购物乐土

续表

产品梳理	价值表现
区域发展价值表现	填补市场空白，随着城市发展重心的向西、向南转移，相比较于国贸商圈、商厦商圈，本项目区位优势更加突出
区域深度利益支持	项目所在区域成长性高、市场潜力大；本项目便捷的交通、优美的环境、体验式的消费模式更具备吸引力

项目本身的特性/属性：

高成长性区域；城中央都市生活圈；集购物、娱乐、餐饮、休闲、康体、体验、酒店、公寓、办公、居住十大功能于一体，涵盖精品主力店、大型超市、家电商场、3D影院、品牌餐饮，充分挖掘××市消费潜力。

相对于竞争对手的优势：

创新型商业模式；一站式、全业态家庭消费中心；体验性、休闲化购物中心；主题时尚型商业中心。

项目带给用户的利益/价值：

××首席时尚中心。

（4）商业定位

1）消费群基础

a. 项目地核心辐射圈居民

核心辐射范围，本项目核心消费群，以综合性家庭消费、个人时尚、休闲等消费为主体。

b. ××市区居民

本项目次级消费圈层，以有车家庭为主。

c. ××市域范围消费者

本项目辅助消费群、主要以节假日来市区游玩的家庭、个人为主。

d. 外来旅游者

外来旅游出差人群。边缘消费群，消费能力有限。

2）商业定位方向

a. 项目特征：

（a）与周边大型综合项目相比，在建筑体量、业种构成方面不具备绝对优势；

（b）家乐福超市意向入驻带来品牌效应；

（c）项目拥有 3.5 万 m^2 住宅、公寓、写字楼、酒店。

b. 定位方向：

（a）充分利用自身优势；

（b）差异化定位，采用不对称竞争模式，锁定购物中心业态，并进一步明确哪种类型的购物中心更合适。

3）商业概念定位

我国对购物中心有明确的定义，根据《零售业态分类》（GB/T18106—2004）国家标准，购物中心是指多种零售店铺、服务设施集中在由企业有计划地开发、管理、运营的一个建筑物内或一个区域内，向消费者提供综合性服务的商业集合体。我国作为商业业态的购物中心分为以下三种：

社区购物中心，是在城市的区域商业中心建立的，面积在 5 万 m^2 以内的购物中心。

市区购物中心，是在城市的商业中心建立的，面积在 10 万 m^2 以内的购物中心。

城郊购物中心，是在城市的郊区建立的，面积在 10 万 m^2 以上的购物中心。

商业概念定位分析（表 1-38）：

商业概念定位分析　　　　　　　　　　表 1-38

业态 特点	购物中心		
	社区购物中心	市区购物中心	城郊购物中心
选址	市、区级商业中心	市级商业中心	城乡结合部的交通要道
商圈	商圈半径为 5～10km	商圈半径为 10～20km	商圈半径为 30～50km
规模	建筑面积为 5 万 m^2 以内	建筑面积为 10 万 m^2 以内	建筑面积为 10 万 m^2 以上
商品（经营）结构	20～40 个租赁店，包括大型综合超市、专业店、专卖店、饮食服务及其他店	40～100 个租赁店，包括百货店、大型综合超市、各种专业店、专卖店、饮食店、杂品店以及娱乐服务设施等	200 个租赁店以上，包括百货店、大型综合超市、各种专业店、专卖店、饮食店、杂品店及娱乐服务设施等
商品售卖方式	各个租赁店独立开展经营活动	各个租赁店独立开展经营活动	各个租赁店独立开展经营活动
服务功能	停车位 300～500 个	停车位 500 个以上	停车位 1000 个以上
管理信息系统	各个租赁店使用各自的信息系统	各个租赁店使用各自的信息系统	各个租赁店使用各自的信息系统

4）业态业种定位

a. 业态业种的整体认知

业态：零售企业为满足不同的消费需求进行相应的要素组合而形成的不同经营形态。

根据国家质量监督检验检疫总局和国家标准化委员会联合颁布的《零售业态分类》（GB/T18106—2004）国家标准，我国零售业态共分为食杂店、便利店、折扣店、超市、大型超市、仓储会员店、百货店、专业店、专卖店、家居建材商店、购物中心、厂家直销中心、电视购物、邮购、网上商店、自动售货亭、电话购物等17种零售业态。

业态 = 怎么卖？（提供商品的方法、商品的销售方式）

业种 = 卖什么？（商品和服务的种类）

b. 业态组合（表1-39）

业态组合   表 1-39

商业类型	业态定位	商业业态组合	商业区位	本案适应性
单主力店	社区购物中心	社区百货 + 专业店	社区	★
		大卖场 + 社区服务专业店		★★
双主力店	百货型购物中心	百货 + 生活超市		★★
		百货 + 大卖场	社区区域之间	★★★
专业店 + 混合区	主题型购物中心	主题系列专业店、专卖店		★★★★
	复合型购物中心	复合功能专业店、品类店		★★★★
多主力店	区域型购物中心	主题专业店 + 品类店	区域	★★★★★
		百货 + 大卖场 + 专业店		★★★★★

c. 业种组合（图1-5）

高中档收入家庭：日常生活配套，家电家具配套，品牌零售、服饰个人护理、家饰，家庭聚餐、饮食，美容、美体，家庭娱乐，儿童服饰等。

年轻时尚消费人群：时尚潮流服饰，时尚电子、数码，图书音像，特色餐饮、酒吧，游戏中心，电影院等。

其他观光休闲旅游等人群：主体餐饮，娱乐中心，纪念品，特色餐饮、酒吧，特色零售等。

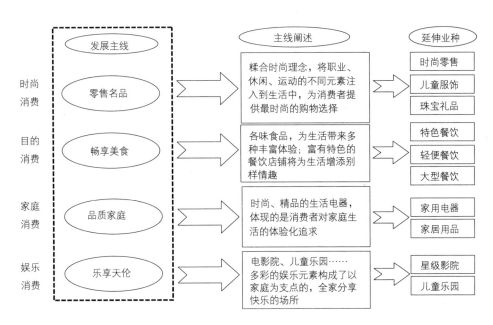

图 1-5 业种组合

d. 业态业种组合建议

综合本项目的各种商业要素，建议本项目商业定位为：City Mall（表 1-40）。

本项目业态业种组合 表 1-40

百货	品牌枚举	超市	品牌枚举	主题卖场	品牌枚举	餐饮休闲	品牌枚举	影视娱乐	品牌枚举
时尚百货	金鹰、银泰	大卖场	家乐福	家电数码	国美电器	轻餐饮	味来世界	星级影院	大地影院
	百盛、大洋		大润发		国生电器		美食广场		横店影院
	百大 CBD		沃尔玛	服装服饰	sport100	西式快餐	麦当劳	家庭娱乐	金逸影院
生活百货	北京华联	大型综超	北京华联		依立腾运动		星巴克		神采飞扬
综合百货	商之都	生活超市	红府超市	家居家饰	特力屋		必胜客		体验馆
	鼓楼商厦		合家福		美克美家		德克士	儿童游乐	星期八
自营百货				自营卖场		中式快餐	真功夫		快乐小镇

（5）住宅定位

1）住宅客户定位

a.客户描述：

城市新一代成长型精英。

城市是他们的基本属性，从活动范围、地缘隶属、居住品质要求等方面来看，他们懂得城市中的经世济用之道，拥有前瞻未来城市价值之所在，作为新一代城市孕育的精英人群，他们将主导着城市的主流。

b.特征描述：

集中于30岁以下，进入社会基本细胞角色——家庭，首次置业，地缘型年轻××市人与外来型人，主流需求——解决自身城市居住理想，承受总价在50万～60万元左右。

集中于30岁以上，拥有相对成熟的家庭结构，首次／二次置业，地缘型换代客群与主流城市居住人群，原有城北老居住区中更新换代一族，拥有一定城市经营阅历和积淀，主流需求——提升城市居住的舒适价值，承受总价在60万～80万元左右。

2）住宅概念定位

基于对区位的理解以及项目属性、可发展机会的判断，项目定位应为——高端成熟精品府邸（图1-6）。

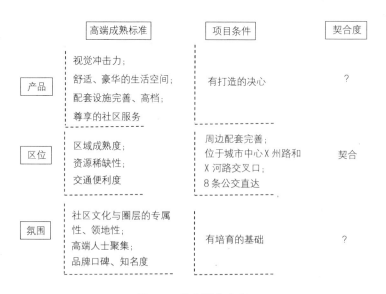

图1-6　住宅概念定位

概念诠释：

高端：反映项目高形象，产品满足首次置业或改善性居住需求的购房者。

成熟：反映产品是××市成熟生活区概念，位居城市繁华商业中心，配套齐全。

精品：反映产品品质领先城区域内目前的产品。

3）产品定位

产品：豪华尊贵，创新；景观功能多样性。

a.围绕项目城市核心价值，充分展示户型的景观功能性，尽可能多地将城市景观引入室内，并强调户型的均好性。

b.关注高端的特性，体现户型的尊贵舒适感。

（6）公寓定位

1）公寓客户定位

a.投资客户

（a）本地

a）较多购置一室一厅的小面积户型；

b）特别注重产品的硬件配置，装修品牌和物业管理，对产品了解特别细；

c）喜欢将在售公寓单价横向对比，对单价差异比较敏感；

d）对总价折扣优惠幅度有详细了解，是客户重要决定因素之一。

（b）外地

a）购置时对产品户型大小没有明显倾向；

b）对装修细节不过多关注，但注重产品整体装修品质、档次；

c）××市公寓价格较沿海差距较大，客户对单价抗性不大，相比单价更加关注总价；

d）关注价格的变化是否会影响升值空间。

b.自用客户

（a）本地

a）注重产品的品质，装修标准，以及电梯等硬件配置；

b）对产品装修用材的品牌比较敏感，名牌装修材料易提高好感度；

c）厨房和卫生间要尺度合理，暂住客户注重卫生间尺度，常住客户则注重卧室尺度和卫生间尺度；

d）在公寓具有较高品质时，对单价差异有一定程度接受，价格仅是影响客户决定的因素之一。

（b）外地

a）注重产品的装修品质，装修用材品牌；

b）对户型设计比较关注，厕所和卧室空间需要足够大，客厅空间压缩，也能够接受；

c）有较齐全的生活用具配置，洗衣机、厨具等比较关注；

d）单层户数不宜过多，保证居住品质；

e）外来驻××市企业的高管，房补较高，对价格不敏感；

f）与××市有业务往来。偶尔居住的外地客户对物业升值空间较关注，以便于后期转卖。

2）公寓类型定位

a. SOHO 公寓

SOHO 公寓宜商宜住功能对投资客和创业期的小型企业有较强吸引力，在周边商务氛围尚处于培育初期时可作为先期产品推出。

物业概况：套内设置洗手间，提倡商住两用。

市场情况：目前××市市场公寓都提出商住两用概念。

项目发展的可行性分析：

（a）在区域商务氛围不成熟的前期，吸引长期的小型企业入驻；

（b）利用项目整体配套优势及知名度，以小面积、低总价吸引投资客、小型公司、个人创业者；

（c）如单纯定位于 SOHO，容易受现有项目的去化影响，缺乏项目个性与亮点。

b. Loft 公寓

Loft 的内涵是高大而敞开的空间，具有流动性、开发性、透明性、艺术性等特征。

物业概况：小户型，高举架，面积大都在 $30 \sim 50 m^2$，层高在 $4 \sim 5.9m$ 左右。

市场情况：目前××市市场上没有 Loft 公寓。

项目发展的可行性分析：

（a）虽然销售时按一层的建筑面积计算，但实际使用面积却可达到销售面积的近 1 倍；

（b）高层高空间变化丰富，购买者可以根据自己的喜好随意设计；

（c）如单纯定位于 Loft，市场接受程度走高但容积率消耗偏大。

c. Solo 公寓

Solo=Soho+Loft

Solo 的意思是中心商业区精装小公寓。在现代社会，Solo 更多与 Soho 办公联系在了一起，意味着个体的小型家庭办公者。

物业概况：套内设置洗手间，提倡商住两用。

市场情况：目前 ×× 市市场公寓都提出商住两用概念。

项目发展的可行性分析：

（a）在区域商务氛围不成熟的前期，吸引长期的小型企业入驻；

（b）利用项目整体配套优势及知名度，以小面积、低总价吸引投资客、小型公司、个人创业者；

（c）Soho+loft 的 Solo 公寓更强调中小型办公与居住的舒适度。

d. 酒店式公寓

酒店式公寓是一种提供酒店式管理服务的公寓，集住宅、酒店、会所多功能于一体，具有"自用"和"投资"两大功效，但其本质仍然是公寓。

物业概况：酒店式公寓的户型，从几十 m^2 到几百 m^2 不等，可以满足使用者的个性化需求。

市场情况：目前 ×× 市市场并没有酒店式公寓。

项目发展的可行性分析：

具有"自用"和"投资"两大功效。与传统的酒店相比，在硬件配套设施上毫不逊色，而服务更加家庭化。由于它吸收了传统酒店与传统公寓的长处，因此，倍受投资人士的青睐。

2. 以商业为主导的副中心型三四线城市综合体项目定位的要诀

以商业为主导的副中心型三四线城市综合体项目位于城市新区，其现有商业氛围不成熟。在进行该类型项目定位时，不仅要着眼于现在，还要考虑未来区域市场的变化及发展潜力。策划人员可以通过对比其他城市或地区处于类似地段的成功综合体项目的定位来进行本项目的定位。如某三线城市综合体项目的定位：

（1）商业定位

1）商业体量定位

综合内外因素，项目商业体量可定位于 4 万 m^2 左右。

a. 本身规划因素

根据项目地块，进行建筑布局，整体 3 层设置商业，局部 4 层（含地下一层），建筑面积大约为 38250m²。

项目定位要求体量适中。过大则给招商和后期经营带来巨大压力，过小则无法形成聚集作用，吸引人流。一般设置 4 万～ 6 万 m² 左右合适。

b. 外在市场因素

5 年内，项目周边 3km 人口预计可达 20 万人左右，按照 50% 的市场渗透率，人均消费支出 1000 元 / 年计算，则消费支出合计 1 亿元。按照保本营业额 5000 万元 / 万 m² 计算，则可支撑 2 万 m² 的商业面积。

项目紧靠规划中的火车站南广场，且可见性好。预计南广场修建之后，平均日人流量可达 4 万人左右，按 30% 的有效客流，人均消费 20 元计算，则全年消费支出 8760 万元。按照保本营业额 5000 万元 / 万 m² 计算，则可支撑 17520m² 的商业面积。

2）商业类型定位

项目定位与 ×× 国际类似，两者之间所处地段具有很大的共性。

项目定位为生活方式中心，此种定位与 ×× 国际广场类似。

×× 国际位于闸北区居民聚集区，周边无成熟的商业氛围。区位情况与本项目的现状类似。

×× 国际广场零售占 37.5%，远远低于传统的配置比例。餐饮的高比例，使项目建筑形式采用了街区商业的开发模式，这与项目的餐饮功能区的建筑形式类似。

3）商业目标客户群定位

项目必须吸引周边居民和上班一族、火车站短途客流，争取中心城区居民（表 1-41）。

商业目标客户群定位　　　　　　　　　　　　　　　表 1-41

客群	分布区域	数量	消费特征	重要程度	吸引点
周边居民及上班一族	城南片区	20 万人	1）有一定的消费能力，外出就餐或休闲娱乐的频次较高 2）就餐喜欢就近消费 3）对环境的关注程度较高	必须吸引的人群	外出餐饮或周末休闲娱乐的去处，一个体验生活的地方

客群	分布区域	数量	消费特征	重要程度	吸引点
火车站短途客	周边市县	日均人流量4万人左右	1）时间较紧，但也可能存在等候火车的空余时间 2）对餐饮的需求大 3）对单件价值高的商品的购买率低	必须吸引的人群	就餐或闲逛以打发时间的好去处
中心城区居民及其他	市内各区	80万人左右	—	争取的人群	一个娱乐休闲的目的地，周末玩耍的目的地

4）商业功能定位

在客群定位基础上，分析针对其的功能定位。

项目整体定位：生活方式中心。

a. 外出餐饮或周末休闲娱乐的去处，一个体验生活的地方。

b. 就餐或闲逛以打发时间的好去处。

c. 一个娱乐休闲的目的地，周末玩耍的目的地。

d. 餐饮、娱乐（电玩、家庭娱乐、儿童娱乐、KTV等）、休闲（咖啡厅、SPA）、服务（银行、洗衣店）、零售（超市）。

e. 餐饮、娱乐（电玩、家庭娱乐、儿童娱乐等）、超市。

f. 餐饮、娱乐（电玩、家庭娱乐、儿童娱乐等）、休闲（咖啡厅、会所、健身）、零售、文化。

主要功能：餐饮＋娱乐＋休闲。

配套功能：零售＋服务＋文化。

对主要功能、次要功能的配套关系进行分析，整体功能安排合理，可形成聚合作用（表1-42）。

商业功能定位 表1-42

功能	客户一致性分析	功能互补性分析	营业时间分析	人流聚集性分析	外部因素修正
餐饮	外出就餐者或其他业态消费者	与娱乐、休闲配套，带动零售	少数全天，多数到晚间	组合聚集人流	—
娱乐	周边居民或其他区域年轻一族	与餐饮互补，与休闲配套或替代	少数全天，多数到晚间	聚集人流或组合聚集人流	—
休闲	周边居民、上班族或其他区域年轻一族	与餐饮互补，与娱乐配套或替代	多数到晚间	组合聚集人流	—
零售	年轻一族	填补作用	正常时间	利用人流	—

续表

功能	客户一致性分析	功能互补性分析	营业时间分析	人流聚集性分析	外部因素修正
服务	周边居民、火车站人流	服务全客层	正常时间	组合聚集人流	注意与周边社区商业的关系
文化	年轻一族	填补作用	正常时间	利用人流	—
总结	较一致	餐饮、休闲、娱乐呈三角配合，其他填补	少数晚间宜集中设置	分配合理	服务功能要适可

5）商业主题定位

根据功能分区和目标客群，将项目在整体定位的前提下，划分为3个主题区。

主题定位：新城市——生活一步馆。

主题强调氛围：轻松、愉悦、娱乐、享受、小资情调、感受生活。

主题表现形式：亲切、人性尺度、明快、鲜亮。

A区：田园式主题

a. 强调美好风光、建筑、人三者之间的融合。形成移步换景的效果。

b. 提高绿化率和广场的空间面积。

B区：家庭欢乐主题

a. 强调家庭各成员的满足和互动，提供一种供家庭成员娱乐互动的空间。

b. 关注交流和互动。

c. 增加空间的开敞性。

d. 体现娱乐体验元素。

C区：女性生活主题

a. 强调对女性生活的关注。

b. 增加空间的休闲性和一定的私密性。

c. 提高趣味性。

（2）公寓定位

1）公寓产品类型定位

本项目适合的商住公寓类型：SOHO公寓。

××市二、三产业规模增长导致办公物业需求增加。参考相似的东莞市场发展规律，××市开始进入办公物业阶梯式跳增期，市场对办公物业的需求会急速增加。

项目的本体条件与 SOHO 公寓契合度高。SOHO 公寓本身具有的产品优势可以在项目中得到充分体现。

大量客户外溢到住宅、街铺。客户对于办公物业的需求不能得到满足。新兴的办公物业租售两旺。

SOHO 公寓：

本质：中低端的办公物业。

特征：所在区域地段优、交通便利、租金及售价低于办公产品。租用客户以中小公司为主，购买客户自用与投资兼有，户型划分在 80～140m² 为主，满足小公司基本办公需求，通常不装修及简装修。

2）SOHO 公寓功能定位

功能模糊，可商可住。

3）SOHO 公寓面积定位

根据市场研究，建议以 80～120m² 的户数比占 50%；120～140m² 户数比占 50%。

4）公寓客户定位

公寓客户定位见表 1-43。

公寓客户定位   表 1-43

类型	特征描述	置业倾向	面积	总价承受力	租售
商务办公	个体户及中小企业，草创型公司居多	形象要求不高，多在民宅、商住楼办公	70～80m² 为主	较强	租用和购买
居住	企业技术白领，个体商人，以及台湾、香港人、商务人士	管理水平，使用成本，过渡居住	60m² 左右	一般	租用和购买
投资	投资客户	升值潜力以及租金水平和租住需求	50～80m²	强	购买

a. 核心客户群：投资客、中小企业、个体商人。

（a）关注地产市场；

（b）关注周边状况，关注配套与便利性；

（c）拥有多次置业经验；

（d）投资相对理性；

（e）对总价敏感，承担能力不高。

b. 重要客户群：年轻白领。

c. 游离客户群：部分外籍人、上海、苏州商务人士及投资者。

（3）酒店定位

1）酒店产品类型定位

现有交通和客流量不完全符合，但若考虑本项目所在区域的未来建设及规划，经济型酒店的选址条件与本项目的契合程度较高。

a. 五方面共同验证本项目适合做经济型酒店并应该有适度创新性发展。

（a）出现了满足平时公务与商务会议需要、满足周末与黄金周休闲需要的环城市度假带会议度假酒店加速发展的趋势；

（b）出现了适合普通商人与度假游客旅行需要的经济型酒店的发展；

（c）出现了伴随农村旅游业发展的农家乐酒店的发展；

（d）出现了满足长住者需要的长住型公寓酒店的发展；

（e）出现了满足各种特殊生活方式需要的主题酒店或精品酒店，一般酒店的客房也出现了主题化的趋势。

b. 五方面共同验证本项目做经济型连锁酒店的正确性。

（a）基于国内消费者调研，客户对国内发展经济酒店的认知度高；

（b）结合城市性质、产业结构、酒店竞争格局与未来发展趋势，××市的酒店市场中，以中高端酒店和经济型酒店的发展潜力最大；

（c）结合项目所在区域的酒店发展现状与未来发展趋势来看，项目所在区域最适合发展经济型酒店；

（d）考虑城市未来建设与规划的影响，经济型酒店的选址要求与本项目的契合度较高；

（e）酒店业创新发展趋势日益明显。

2）酒店体量定位

综合地块特征，商业和商务公寓体量分析经济型酒店总体量最多可达10000m²。

建议本项目酒店分为商务酒店和主题式酒店开发，既可满足××市城市特征，满足项目总体量及各部分分配，又可支撑项目提升形象。

建议结合酒店创新性发展，结合××市城市特征，结合项目体量及各部分体量分析，建议本项目酒店分为两部分开发：

a. 商务型经济酒店，体量以6500～7500m²为宜，单间客房面积约为

$50m^2$，客房数量约为 150 间。

b. 主题型经济酒店，体量以 2500 ~ 3500m^2 为宜，单间客房面积约为 50 ~ 60m^2，客房数量约为 50 ~ 60 间。

3）酒店目标客户群定位

本项目经济型酒店的客户多来自于 ×× 市周边城市，主要目的为商务出差，公司性质多为外资或民营，多来自于中小型公司，以男性居多，年龄低于 40 岁，多数受到高等教育，职位以一般职员和管理人员为主。

×× 市的产业结构、人口结构、企业类型、城市性质：

a. 外向型经济推动型城市；

b. ×× 市经济依托上海和苏州发展，商务客户多来自于上海或苏州或周边其他城市；

c. 以二产为主导，三产比例不大，但有发展趋势；

d. 二产企业以台资等较大规模外资企业居多；也有部分中小型民营企业，国营单位数量较少；

e. 周边城市如上海的市政机关在 ×× 市当地以会议旅游等为主，多住星级酒店；

结合全国范围而言，以如家为代表的经济型酒店客户特征：

a. 来源比较分散；

b. 主要目的多为商务出差，其次为旅行；

c. 入住者所在公司的性质多为民营／个体、国营单位；

d. 多来自于 100 人以下的中小公司，住宿费用全部由公司承担；

e. 均以男性居多；

f. 年龄多数在 40 岁以下；

g. 职位均以一般职员（25%）和管理人员／干部（46%）为主；

h. 多数具有高等教育学历（大专及以上学历）。

三、以商务办公为主导的三四线城市综合体项目定位的要诀

以商务办公为主导的三四线城市综合体项目一般位于城市的商务核心区域，其周边产业的发展能带来大量的客户需求。在进行该类项目的定位时，需要注意的要点包括项目产品定位、目标客户群定位、价格定位、案名定位等，

下面将分别对上述各项定位的要诀进行详细的介绍。

1. 项目产品定位

跟一二线城市不同的是，三四线城市大多数企业为中小型企业，还处于不断发展阶段。因此，在进行产品定位时，应考虑到当地目前的产业发展情况以及处于不同发展阶段企业的办公需求，其产品定位可以多样化，比如可以是商务公寓和写字楼物业相结合，商务公寓可以满足企业降低成本的需求，而写字楼可以满足追求树立品牌形象的企业的需求。如某三线城市综合体项目的产品定位：

产品分级发展，价值标杆带动项目发展，主流产品实现现金流。

（1）产品选择

1）标定高形象的利润型产品

商务公寓/写字楼（20层以上）——创新产品，××市市场上稀缺的中高端商务 LOFT 写字楼的概念。目前市场上虽然普遍存在着商住写字楼产品，但对于这种时尚的工作生活模式缺少深度宣传和挖掘。写字楼/商务公寓较普通公寓产品更易于树立城市化和品牌化形象，有利于提升公司品牌形象。

2）锁定高现金流的主流产品

改造精装公寓(18层以下)——目前城市中心的主流产品，市场认可度佳，可以作为本项目主流产品，也是主要的现金流产品。

不同产品的利润率见图 1-7

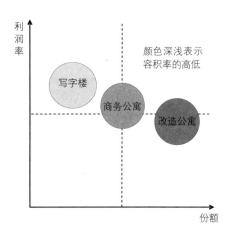

图 1-7　不同产品的利润率

（2）不同产品在项目中承担不同作用

不同产品在项目中承担的不同作用见表1-44。

不同产品在项目中承担的作用　　　　表1-44

产品形式	作用	单项容积率
改造商务公寓	1）主流中小户型产品形式； 2）成功启动市场，快速回现； 3）扩大客户层面，降低开发风险	5.2
中高端商务公寓	1）市场创新产品； 2）丰富社区产品形态； 3）提升居住品质	4.99
写字楼	1）凸显都市化形象； 2）奠定高端基调； 3）后期提升利润	

（3）写字楼——作为项目的标杆和亮点产品，将大量吸引中端商务客户。

1）产品介绍：为居家或办公空间上提供了灵活性，适合于有活力的中小型私营公司。

2）功能定位：适合于有活力的小型私营公司，可以以此吸引民营高科技企业以及中小型金融、贸易企业。

3）定量分析：少量——市场上较为稀缺，作为当期项目的亮点。

4）产品定位原则：

a. 写字楼部分需要突出专业性，在硬件、软件的设置上均需要考虑在现有市场上的全面提升，以提升本项目区域商务形象，作为城市新中心、城市金融中心的重要支持。

b. 专业写字楼建造成本较高（5A智能写字楼综合成本约5000元/m²），××市虽具有一部分对办公/企业形象要求高的超大型企业、大型企业及相关联企业，但数量有限，或已自建，所以对专业写字楼的体量设置不宜过大。

c. 在形式上，专业写字楼建筑可与酒店等物业形象较好的建筑共同形成项目的地标性群落，建议建筑形象现代、突出、鲜明。

（4）商务公寓——项目启动阶段的主力产品，快速走量，将大量吸引中高端投资型客户。

1）产品介绍：

a. 是市场热销的主流产品。

b. 注重建筑自身设计上的现代、时尚与简洁。

c. 注重户型和创新元素的应用，注重室内布局的完善和提升性价比的空间设计。

2）功能定位：

a. 热销产品——迅速立势；

b. 重要的现金流产品；

c. 满足刚需和刚改客户需求。

3）定量分析：

a. 启动阶段占 50% 左右，重要产品，市场主流产品；

b. 形式上全部为 18 层以下高层。

（5）**商业发展策略**

1）商业核心功能：

项目区位价值提升的重要手段，销售回笼资金的主要方式。

2）市场结论：

a. 以体量超越的空间有限、风险大，本项目应适量发展，视主力店的带动而定具体的规模。

b. 以休闲娱乐、餐饮为主导功能是本项目作为中型商业综合体的必然。

c. 品牌提升具有空间，发展高端品牌、国际品牌特色卖场在城市的商业中具有差异性；区域型商业发展基础良好。

3）项目的商业发展可能：

餐饮休闲娱乐功能；区域生活服务型商业。

2. 项目目标客户群定位

以商务办公为主导的三四线城市综合体项目的主要物业类型为商务公寓和写字楼，在对其进行定位时，主要是从客户的投资实力、身份特征、区域特征等角度进行分析并确定项目各物业类型的目标客户群体。某三线城市综合体项目的目标客户群定位见表 1-45。

（1）**写字楼客户定位**

核心客户：本地及周边区域投资客。

重要客户：快速成长型及发展型的服务企业、跨地区企业驻 ×× 市办事处或分支机构。

（2）公寓客户定位

抓住 ×× 两区中坚力量，以中端市场主流投资客户为主。

1）本项目客户定位前提

a. 根据项目目标来看，迅速卖出产品，以最快的速度回现，并且有合理利润额。

b. 根据市场需求来看，市场待开盘和已经开盘的商务公寓开始兴起，我们必须将客户放在一个比较宽的范畴内，因此客户定位在数量上和层级上都需要具有包容性。

项目客户定位　　　　　　　　　　　表 1-45

客户结构	客户构成	可承受价格	使用面积	需求特征
高端客户	私企老板、省内周边县市矿主、×× 等企业高层管理者	无明显上限	200 ~ 800m²	区域环境、产品形式、升值前景
中端客户	公务员、×× 等企事业单位中高层、中小企业主	60 万 ~ 100 万元	60 ~ 200m²	区域环境、产品形式、总价、物业管理、升值前景
	企事业单位员工、小生意业主、公务员	40 万 ~ 60 万元	40 ~ 60m²	总价、地段、户型
基层客户	刚工作的大学生、外来打工者、私企打工者、蓝领技术工人	30 万元以下	—	—

2）本项目客户定位

主抓城市中坚力量，以中端市场主流投资客户为主。对于这个客户定位，主要来源于以下两个方面的考虑：低端不利于利润的回报，高端不利于现金的回收。

（3）商业客户定位

1）经营者

通过访谈发现：

大多中小经营者鉴于经济实力目前没有买商铺意向，倾向于租赁经营。

a. 如果购买商铺，总价 100 万元内可以承受；

b. 经多年经商积累了一批购买能力较强、有意愿买铺的商家，占全部商家比例不超过 10%；

c. 很多经营者会就近开店，商业核心区的商铺能吸引外围商圈经营者进入；

d. ×× 市的商铺经营者是项目经营者主要来源（表 1-46）。

商业客户的来源　　　　　　　　　　　　　　表 1-46

业态	经营者来源	店铺来源
精品零售	× 百、×× 琳商圈及 × 河服装、饰品、礼品等商铺经营者为主，少量市域范围内的经营者	多为租赁，少量购买
休闲娱乐	市级休闲娱乐场所经营者	租赁
餐饮	负一到二层快餐为知名连锁快餐经营者，如 KFC、麦当劳等。三层主力店餐饮为市级品牌餐饮	租赁

2）投资者

本项目投资客户：小投资者为主，少量大面积单位面向实力投资客（表 1-47）。

a. 主要由公务员和生意人构成，两者比例相当，各约占投资者的 40%，其他 20% 为收入水平较高的企业管理层等；

b. 外地客户约占 ×× 市商铺投资者总量的约 15%，周边盟县生意人和公务员是外地客户主要来源；

c. 商铺投资客比较谨慎，对商铺市场会进行较为理性的分析，多懂得商铺投资及经营的一般规律。

项目投资者情况　　　　　　　　　　　　　　表 1-47

投资者分类	投资实力	客户背景
顶级投资者	1000 万元以上	专业投资客，外地人在 ×× 市数量很少
实力投资者	200 万～1000 万元	实力雄厚的本地生意人＋周边盟县生意人，数量较少
小投资者	<200 万元	本地生意人，公务员，企业高管，少量外地人，是 ×× 市商铺投资市场主流客户

3. 项目价格定位

在进行项目价格定位时，可以先根据项目所在三四线城市的市场需求特点制定项目的价格策略，然后可以采用市场比较法等定价方法初步确定项目各物业类型的价格。如某三线城市综合体项目的价格定位：

（1）价格策略

在市场环境和地块条件的限制下，如何突破市场价格的体系？

1）回避竞争：选择竞争小且快速增长的细分市场

××市办公物业市场处于启动阶段，市场需求有限，无法细分市场回避竞争。

2）功能改变：产品功能改变

本项目可以真正做到可商可住的复合功能。

3）产品超越：项目产品在各方面超越市场

a.市场启动阶段、终端需求支撑不足、客户对成本和运营费用敏感，产品只能适当超越。

b.产品超越必然带来高开发成本，等待市场接受可能会延长现金回收期。

4）结论

受市场环境、地块条件、开发商目标的限制，建议本项目跟随市场价格体系，并根据市场反映调整价格策略。

（2）价格初步确定

1）根据市场比较法，对均价做初步研究（表1-48）。

本项目公寓价格＝本项目得分 × 权重单价/权重总分 =74×7270/76 ＝ 7078.7 元/m²

本项目写字楼价格＝本项目得分 × 权重单价/权重总分 =73×9200/74.6 ＝ 9002.7 元/m²

本项目底商价格＝本项目得分 × 权重单价/权重总分 =75×19000/69.5 ＝ 20503.6 元/m²

本项目综合评分 表 1-48

	本项目公寓	本项目写字楼	本项目底商	A=××广场公寓	B=××大厦公寓	C=××大厦写字楼	D=××广场写字楼	E=××花园底商	F=××世纪城底商
地理位置/交通	7	7	7	8	6	8	8	5	5
规模	7	6	8	8	8	6	6	7	7
规划设计	7	7	7	9	7	7	8	7	7
内部景观	7	8	7	9	7	8	7	7	7
周边环境	8	7	8	9	6	7	8	8	8
容积率	6	6	6	8	7	7	7	6	6
户型创新	8	7	7	7	7	7	8	7	7

续表

	本项目公寓	本项目写字楼	本项目底商	A=××广场公寓	B=××大厦公寓	C=××大厦写字楼	D=××广场写字楼	E=××花园底商	F=××世纪城底商
配套设施	7	8	8	8	7	8	8	6	6
物业管理	8	8	8	8	7	8	8	8	7
开盘时间	9	9	9	6	8	9	6	9	6
合计得分	74	73	75	80	71	75	74	70	66
权重	100%	100%	100%	55%	45%	60%	40%	50%	50%
权重×得分	74	73	75	44	32	45	29.6	35	34.5
销售单价/元/m²	7078.7	9002.7	20503.6	7000	7600	10000	8000	20000	18000
销售单价×权重				3850	3420	6000	3200	10000	9000

2）定价原则

高性价比产品打开市场，普通人也买得起的商务公寓。

3）定价依据

根据上面各种物业形态价格的市场比较法，并将范围上下浮动 10%（图1-8）。

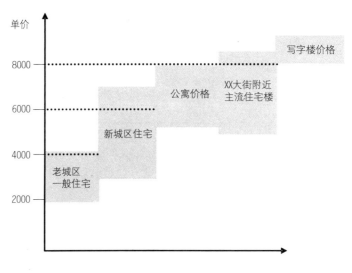

图 1-8　各物业形态的价格定位

4）定价

商务公寓：6500 ～ 7500 元 /m²。

写字楼：8100 ～ 10000 元 /m²。

商铺：18000 ～ 23000 元 /m²。

此价格为项目目前的初步定价，具体价格定位要到进入销售准备阶段视当时的条件确定。

4. 项目案名定位

好的案名要暗示产品的定位、传递地段的优势、传达物业的功能属性以及迎合目标客户的价值观。对于以商务办公为主导的三四线城市综合体项目，在进行案名定位时，应突出项目以办公物业为主导的特点，如采用"大厦"、"中心"等。如某三线城市综合体项目的案名定位：

写字楼的客户是企业，目前 ×× 市经济活跃，已经并将继续造就更多成长性和纺织贸易型企业的崛起，这些企业对于高形象的追求始终处于第一位，部分大客户也开始追求内涵和品位。

本项目不是大型综合体项目，故建议不用"广场"，而大厦、中心等案名都较为符合项目的自身条件。

（1）"大厦" 系列

1）×× 创智大厦

a. 严谨，有内涵，区别于泛滥的国际字眼；

b. 体现项目核心优势：是 ×× 置业智慧的结晶；

c. 成长中企业、纺织贸易企业汇聚之地。

2）×× 新世纪大厦

a. 一个新的企业品牌；

b. 一个写字楼的 "新" 标准；

c. 打造一个新的商务片区；

d. 开创 ×× 市写字楼的一个新世纪。

3）×× 环球国际大厦

a. 全球化，大气，更有霸气；

b. 标志性建筑体现标志型企业，建立企业影响力；

c. 创立 ×× 市写字楼国际标准。

4）备选案名：××腾飞大厦、××志远大厦

（2）"中心"系列

1）××联合中心

a.××置业联合优秀的服务团队，打造顶级写字楼；

b.区位的优势，毗邻县政府机关，让企业处处独占先机；

c."联合"表达在企业发展道路上的一条必经之路。

2）备选案名：××协泰中心、××发展中心

（3）"其他"系列

1）××MOHO时代

a.准确定位客户，体验式营销；

b.体现楼宇MOHO办公理念，差异化竞争；

c.富有个性和时代感，形成视觉冲击。

2）××总部国际

a.抢注区域地名，独占片区资源优势；

b.小面积空间，大企业待遇，享受国际化服务；

c.使入驻企业形象飙升，有跨入总部基地时代感觉。

3）备选案名：××现代领地、××双子星

四、各种功能均衡发展的三四线城市综合体项目定位的要诀

各种功能均衡发展的三四线城市综合体一般位于最有价值的城市中心板块，其开发的物业类型一般包括了住宅、公寓、商业、写字楼、酒店等多种功能的物业。该类综合体项目建筑规模大，开发难度也大，在进行定位时，策划人员需要在项目整体定位的基础上，分别对项目所开发的各细分物业的产品、目标客户群等进行定位。如某三线城市综合体项目的整体定位和某四线城市综合体项目的各细分物业类型定位：

1. 项目整体定位

（1）项目价值属性：

1）区位属性

a.核心区边缘的成熟板块；

b. 最繁华的商圈;

c. 最具价值的中心板块。

2）项目属性

城市中心钻石景观地带。

3）功能属性

酒店＋大型百货＋临街＋商业＋酒店式商务公寓＋江景豪宅＋高档住宅＋小户型公寓。

（2）项目整体定位:

20万 m² 高端城市综合体即将横空出世，创建城市新中心，引领全新都市风范。

高端城市综合体对 ×× 市这样一个四线城市来讲，注定要挑战人们的生活习惯，这也是项目在战略营销层面面临的重要思考。

解读:

1）都市中心、一站式的便利和满足;

2）最具"个性、时代、效率"的新都市主义生活主张;

3）高标准生活，崇尚自然与城市的迅速融合;

4）追求成就感、时代进步。

2. 住宅定位

（1）产品定位

住宅产品定位: 江景大平层豪宅。

价值支撑:

1）城市中心核心地段滨江物业;

2）×× 市最繁华的江景段，江景资源独一无二;

3）配套城市综合体、×× 酒店;

4）3G 智能社区;

5）大平层户型奢华、舒适;

6）一梯一户。

（2）目标客户定位

1）核心客户: 商贸客户

×× 商圈服装贸易经营老板及总代理商，已在本地定居，习惯都市生活，看中本项目高端配套及江景资源，追求生意圈子便利，注重身份感，主要为改善型自住需求及高端资产持有增值保值需求。

2）重要客户：厂矿业主、企业家

主要为××煤矿及陶瓷企业主客户，购买力强劲，看中项目高端配套和品质形象，注重匹配身份和拥有稀缺财富提升个人身份和拥有稀缺财富提升个人优越感。

3）偶得客户：政府高官、国有企业高管

客户具有较强的购买力，看中项目高端配套和品质形象，注重匹配身份和作为形象标签，追求工作、交际应酬的方便。

3. 公寓定位

（1）产品定位

公寓产品定位：国际酒店式智能公寓

价值支撑：

1）配套城市综合体、××酒店；

2）××市最高标准的精装滨江公寓；

3）酒店化管家式服务；

4）3G智能社区；

5）甲级写字楼标准的外立面；

6）3m的层高设计。

（2）目标客户定位

1）核心客户：投资客

××商圈服装贸易经营商户、中高管理者和一般员工巨大的租赁需求引致了投资需求，主要为××商圈小老板、公务员、企事业单位中高层等，客户能够承受较高价格，为多次置业，注重投资回报、升值潜力和租赁便利。

2）重要客户：自住兼投资客

主要为××商圈经销商、服装代理及在片区内从事其他工作的外地客户，他们希望有一个自己的空间，不喜欢租房子住，为工作方便，购房自住兼投资。

3）偶得客户：片区内自住客户

长期生活在××片区，工作、生活圈子均在片区内，能够接受高价格，改善型自住需求及首次置业客户。

4.商业定位

（1）产品定位

1）商业街：时尚小资精品商业街

价值支撑：

a. 配套城市综合体、××酒店；

b. 城市中心区位成熟商圈辐射；

c. 项目写字楼、住宅小资白领等高端消费群体支持。

2）集中商业：国际顶级一站式购物休闲殿堂

价值支撑：

a. 城市中心区位成熟商圈辐射；

b. 众多国际高端品牌支持；

c. 业态规划种类齐全，满足高端购物休闲需求；

d. 项目写字楼、住宅小资白领等高端消费群体支持。

（2）目标客户定位

1）商业街目标客户定位：

a. 核心客户：

××商圈服装珠宝、精品及其他零售经营商户及代理。看重本项目国际高端商业品牌带动作用，购买商业街商铺自主经营。

b. 重要客户：

本地及四县投资客户。手上有充足闲余资金，看好本项目商业的发展升值前景及租赁回报，购买商铺投资、保值。

c. 偶得客户：

长沙、邵阳等湖南其他市县投资客。手上有充足闲余资金，看好本项目商业的发展升值前景及租赁回报，购买商铺投资、保值。

2）集中商业目标客户定位：

a. 核心客户：

本地投资客。主要为××商圈小老板、公务员、企事业单位中高收入人群，注重投资回报率及风险规避等，购买商铺投资、保值。

b. 重要客户：

四县及湖南其他地区投资客。手上有充足闲余资金，看好本项目商业的发展升值前景及租赁回报，购买商铺投资、保值。

c. 偶得客户：

全国其他地区投资客。手上有充足闲余资金，看好本项目商业的发展升值前景及租赁回报，购买商铺投资、保值。

5. 写字楼定位

（1）产品定位

A 栋写字楼：国际 5A 级商务写字楼。

B 栋写字楼：国际 5A 甲级写字楼。

价值支撑：

1）配套城市综合体、××酒店；

2）城市中心区位成熟商圈辐射；

3）××首个高档江景写字楼；

4）产品配置高端。

（2）目标客户定位

1）国际 5A 级商务写字楼

a. 服装贸易等中小型企业主；

b. 厂矿企业主；

c. 投资客。

2）国际 5A 甲级写字楼

a. 整层客户：证券、建行、房地产公司、投资公司；

b. 散户：投资客、会计事务所、律师事务所、全国大投资客。

第3节　三四线城市综合体项目产品规划设计建议的要诀

　　三四线城市综合体项目产品规划设计建议是指根据项目的前期定位，提出因地制宜，适应当地实际情况的规划设计建议。对于综合体中包含的不同物业类型，需要关注的规划设计要点也会有所差异。如针对住宅物业，应重点从户型设计与创新等方面提出建议。针对商业物业，则应重点从商业业态的规划布局、交通组织与人流动线设计等方面提出建议。本节将分别对项目整体规划布局建议以及各物业类型规划设计建议的要诀进行详细的介绍。

一、项目整体规划布局建议的要诀

为了实现三四线城市综合体项目各物业综合价值的最大化，在进行项目整体规划布局建议时，除了考虑项目各地块本身的土地性质及周边环境之外，还应注重分析各物业之间的相互影响和促进作用以进行合理的空间布局建议。三四线城市综合体项目整体规划布局建议的要诀主要包括有竞争力的整体规划思路制定、详细的经济技术指标分析、科学的物业功能分区建议、合理的项目分期开发建议等。

1. 有竞争力的整体规划思路制定

三四线城市综合体项目整体规划思路是项目进行具体的规划设计建议的依据，因此，制定具有综合竞争力的整体规划思路至关重要。在制定三四线城市综合体项目的整体规划思路时，可以通过参考借鉴其他成功项目的规划布局特色，并结合本项目所在三四线城市的市场特点，从产品、环境、服务等角度提出项目的规划设计思路，如某四线城市综合体项目的整体规划思路：

（1）总体规划思路：

走市场差异化战略，寻找市场突破点，以"产品＋环境＋服务"形成强劲综合竞争力，力求短时间内难以被市场复制超越。

产品：本项目重点发力点。

1）创新产品户型设计和形式，提升居住舒适度为宗旨；

2）产品多元化设计，满足不同客户需求，提供一生住所；

3）打造高品质产品，引领××市高尚居住生活；打造××市商业体典范，开辟城市生活新的消费中心。

环境：本项目特色竞争力点。

1）特色主题社区，凝聚社区业主，具有向心力；

2）特色商业文化社区，打造不一样的生活方式，指引消费导向。

服务：本项目提升竞争力点。

1）不仅满足生活的基本配套，还要引领××市一种全新的时尚消费趋势；

2）提升人性化的物业管理服务。

（2）××社区规划布局借鉴：

1）基本信息：

a. 占地面积：189.4 万 m²。

b. 总建筑面积：294.61 万 m²。

c. 物业形态：220 万 m² 住宅，70 万 m² 配套。

2）总体规划特色：

一个没有围墙的社区。

3）商业配套规划分布：

a. 总体格局是集中商业和线性商业并存；

b. 社区配套以便捷为感念，满足业主日常生活。

4）大盘规划时采用的手段：

a. 整盘拆分多个街区开发——依据城市规划，以开放式的模式，分区开发。

b. 沿街商业串联各个街区——通过沿街商业，实现开放式的街区模式，满足日常所需的同时，把人们从居家中引导出来。

c. 集中商业辐射整个街区——作为整盘地标性的建筑，辐射整盘的商业需求，体现国际化的城市生活方式。

2. 详细的经济技术指标分析

在进行三四线城市综合体项目的经济技术指标分析时，需要对项目的总占地面积、容积率、总建筑面积、各细分物业建筑面积、建筑密度、绿地率等各项指标进行详细的说明。为了保证土地价值最大化，策划人员还可以通过列举多个经济技术指标方案进行对比分析后，确定最有利的一个方案。如某四线城市综合体项目的经济技术指标分析：

方案一：

本项目的经济技术指标见表 1-49。

本项目的经济技术指标　　　　　　　　　　　　表 1-49

序号	项目	数值	计量单位
1	建设用地面积	28.449	万 m²
2	总建筑面积	161.936	万 m²

续表

序号	项目	数值	计量单位
3	地上建筑面积	136.93	万 m²
4	住宅建筑面积	114.65	万 m²
5	商业网点建筑面积	7.17	万 m²
6	酒店建筑面积	1.99	万 m²
7	办公建筑面积	8.04	万 m²
8	大商业建筑面积	4.18	万 m²
9	会所建筑面积	0.65	万 m²
10	幼儿园建筑面积	0.25	万 m²
11	地下车库总建筑面积	25.006	万 m²
12	容积率	4.81	—
13	规划户数	11940	套
14	建筑密度	27.80	%
15	绿地率	31.7	%
16	停车位	11536	辆
17	地上停车位	3235	辆
18	地下停车位	8301	辆

方案二：

本项目的经济技术指标见表 1-50。

本项目的经济技术指标　　　　表 1-50

序号	项目	数值	计量单位
1	建设用地面积	29.644	万 m²
2	总建筑面积	168.813	万 m²
3	地上建筑面积	143.65	万 m²
4	住宅建筑面积	120.28	万 m²
5	商业网点建筑面积	8.26	万 m²
6	酒店建筑面积	1.99	万 m²
7	办公建筑面积	8.04	万 m²
8	大商业建筑面积	4.18	万 m²
9	会所建筑面积	0.65	万 m²
10	幼儿园建筑面积	0.25	万 m²
11	地下车库总建筑面积	26.163	万 m²

序号	项目	数值	计量单位
12	容积率	4.85	—
13	规划户数	12514	套
14	建筑密度	27.80	%
15	绿地率	35.9	%
16	停车位	8277	辆
17	地上停车位	1989	辆
18	地下停车位	6288	辆

方案一与方案二在总建筑面积上差 $58720m^2$，建成总户数上相差 574 户。建议为了保证土地价值、项目利益最大化将东侧土地购买，划归项目规划用地。

3. 科学的物业功能分区建议

在进行三四线城市体综合体项目的物业功能分区时，应结合项目各地块的土地性质以及地块周边的资源条件，可以先对各地块的价值及其最适宜开发的物业类型进行阐述，然后再对各物业的规划布局进行建议。如某四线城市综合体项目的物业功能分区：

（1）地块价值分区评价

本案地块东北角地块（地块二），北侧和东侧规划全是教育用地，临近交通主干道，周边无社区，视野比较开阔，适宜结合大型卖场、时尚家具广场、精品家电体验生活馆等大型卖场，充分利用其地块的开阔性，全面打造 ×× 市城市生活新据点。地块本身也是商业性质用地，符合设计条件。适合开发大型商业综合体。

本案地块南面地块（地块三、四）与城市大环境结合较为紧密，最为临近市区，但相对较独立，且通达性较好，交通便捷，适合开发高层物业产品，可作为项目的启动区，规划上可以与设施配套结合开发，对局部居住物业有价值提升作用。同时吸引了相当的人气，对地块一和地块二的商业开发，具有很大的促进作用和辅助作用。地块自身有天然池塘，充分利用自身优势，打造水上乐园、游乐场、游艇码头等，提升项目特色，增强项目卖点，树地标性建筑。

本案地块西北角地块（地块一），北侧为学校和住宅用地，西侧为住宅区，资源条件一般，临近居民居住和交通主干道，物业价值有所提升，适宜结合星级酒店、办公楼、公寓、主题广场、特色餐饮等。地块本身是商业性用地也限制了该区域的规划设计条件。

（2）规划建议

从国际化城市规模发展模式思考：

1）商业中心＋高尚居住区，代表城市发展先进形象；

2）居住社区等级分区规划，街区商业贯穿，分别诉求各自特色；

3）城市级公园，塑造居住区的核心资源，赋予标志性意义。

从项目规划设计的指标思考：

项目完全具备打造国际化城市综合体，塑造国际化城市地标。

规划建议：

1）项目共4个地块，可分为3个组团；

2）丰富天际线，由南向北，由东向西，渐进变化；

3）核心商业片区，平均辐射，街区商业贯彻连接各片区。

（3）项目整体布局

项目整体布局见图1-9。

图1-9 项目整体布局

4. 合理的项目分期开发建议

对于三四线城市综合体项目，在进行项目分期开发建议时，除了要从资金链、项目形象、地块现状等角度综合考虑之外，还应重点关注各物业之间的相互带动的作用，合理安排各物业的先后开发顺序。如为了树立项目品牌形象，酒店或写字楼一般先期入市，而写字楼优先于公寓的入市能够带动公寓的销售。如某四线城市综合体项目的分期开发建议：

项目建设进度建议：

一期：

1）先期开发地块二商业、办公、娱乐产品；

2）优先接触主力店商家，尽可能按订单开发模式操作；

3）设台湾特色日月潭水景、文化休闲广场等公共设施；

4）同期展开地块四的招商及宣传工作，大力宣传商铺及住宅价值。

二期：

1）建设地块四住宅和沿街配套商铺；

2）分期开发、分期销售，带动周边地块快速成熟；

3）若条件允许，叫启动酒店结构建设，视市场情况适当延长建设进度。

三期：

1）视市场情况，开发地块一、地块三；

2）引进主力店商家，带动相关商家进驻；

3）培育本地商业市场，收取稳定租金收益；

4）视市场环境择机选择整体出让或资产运营。

二、住宅物业规划设计建议的要诀

对于三四线城市综合体项目，住宅物业是最常见的物业组合类型之一。由于综合体项目开发周期长，住宅竞争项目多，在进行住宅物业规划设计建议时，应充分考虑到未来客户需求的变化，并就如何提升住宅物业的价值，重点从住宅物业的建筑风格、园林景观、户型规划设计、智能化设计等方面提出具体的建议。

1. 住宅建筑风格建议

在对三四线城市综合体项目的建筑风格提出建议时，可以先对项目所在三四线城市客户对住宅产品建筑风格的需求以及竞争项目建筑风格的特点进行分析总结，然后再就本项目住宅建筑风格可能发展的方向及其风格特色分别进行阐述，最后再结合本项目的成本、工期等的要求提出住宅建筑风格建议。如某四线城市综合体项目的住宅建筑风格建议：

（1）*客户需求*

××市客户较为"崇洋媚外"，异域化更能给人一种外观的愉悦和心灵的满足；欧美建筑风格产品更能满足客户"标新立异"的心理特征。

（2）*竞争需求*

1）目前单调硬朗的现代简约社区，简单三段式，红白相间色彩，品质不易拉高。

2）异域化色彩更受客户追捧，销售价格也较高。

3）从竞争突围和价格拉升上项目应采取欧美异域产品。

（3）*建筑风格建议*

项目的建筑风格应以欧美风情为主，要达到从周边环境突围出去，得出了英伦风情、新古典、Artdeco（装饰主义）三种方向。

1）新古典主义建筑风格

特点：

a.讲究风格，在造型设计时不是仿古，也不是复古，而是追求神似，对历史样式用简化的手法。

b.用现代材料和加工技术追求传统样式的大的轮廓特点，注重装饰效果。

c.白色、金色、黄色、暗红色是欧式风格中常见的主色调，少量白色糅合，使颜色看起来明亮。

2）英伦建筑风格

特点：

英伦风格的建筑最大的特点是外立面主要以暖色调为主，最经典的色彩就是伊丽莎白·东岸采用的砖红色，同时英伦风格传承着庄重、古朴、浪漫的感觉。

3）Artdeco 风格

Artdeco 也被称为装饰艺术，回纹饰曲线线条、金字塔造型等埃及元素纷纷出现在建筑的外立面上，表达了高端阶层所追求的高贵感；而摩登的形体又赋予古老的、贵族的气质，代表的是一种复兴的城市精神。

因纯粹的欧式建筑风格产品雕饰复杂，工期较长，成本也较高，因此建议项目建设一个标志性欧式建筑，住宅产品多用改良式产品，一方面能够体现建筑特色，另一方面保证控制成本。

2. 住宅园林景观设计建议

园林景观设计是住宅物业规划设计的一个重点。根据市场规律，在三四线城市中，园林是项目开发产出投入比最高的一项。因此，在进行住宅园林景观设计建议时，应结合项目对成本的控制和利润的要求，对园林景观的投入和设计提出建议。如某四线城市综合体项目的住宅园林景观设计建议：

（1）地市园林一般建安成本在 50 ~ 300 元 /m^2（绿化面积），项目原测算按照 300 元 /m^2 的标准测算。建议项目少量增加对园林成本的投入，同时加强对园林特色的营造及园林主题的营造。

（2）建议打造欧式特色园林，主要在于广场、雕塑小品、台地景观、叠水景观、坡地园林等的运用。

（3）增加"互动功能"，增加情趣小品，融入名流生活的元素，比如景观、雕塑、指示等细节。

（4）建议展示具备色彩的台地及沉降景观，辅助开放多个特色的交流空间（如广场、景观大道、叠水、小径、架空层景观）。

3. 住宅户型配比规划与设计创新建议

三四线城市综合体项目住宅户型配比规划与设计创新建议是指在对住宅市场及项目周边环境等分析的基础上，对住宅各户型面积配比、布局规划、户型的设计与创新等提出建议。

（1）住宅户型面积配比建议

住宅户型的面积配比应结合项目所在三四线城市的客户特征及各户型的市场竞争程度来提出建议。如某四线城市综合体项目的住宅户型面积配比建议见表 1-51。

住宅户型面积配比建议 表 1-51

户型结构	面积区间（m²）	户型比例	原因	特点
1 房 1 卫	50+5	10%	该一房可与二房拼合	自身配套及区域配套型功能
2 房 2 厅 1 卫	80±5	20%	首次置业者的偏爱及适应片区老龄化需要	有一定的市场空白点特征，打击市场的生力军
3 房 2 厅 1 卫	85±5	20%	经济型三房，可与一房拼合	
3 房 2 厅 2 卫	105-120	30%	该种三房是××市畅销户型	品质及创新型升级产品，一举占领市场高地
3 房 /4 房	135±5	10%	满足品质客户需求	
复式	160-180	5%	舒适型客户需求，待挖掘群体	住宅整体品质拉升型产品，提高住宅档次

（2）**住宅户型布局规划建议**

住宅户型的布局规划应结合地块周边的资源价值，如价值高的适宜布局中大户型，价值低的适宜布局小户型。策划人员可以通过对各区域价值的阐述，合理安排各栋的户型结构。如某四线城市综合体项目的住宅户型布局规划建议：

1）住宅建筑形态建议

a. A1 栋、A2 栋、A3 栋该三栋作为临江物业，应尽量考量各单位对江景资源的利用，因此建议用 Y 型布局或蝶型布局。

b. B1 栋、B2 栋、C1 栋、C2 栋、C3 栋综合考虑满足容积率的要求和对景观的利用，因此建议采用工型布局。

2）住宅户型布局规划

a. A1 栋、A2 栋、A3 栋户型：大三房＋四房

本栋拥有一线江景和中庭景观，景观资源最优越，因此布局本项目的最大的户型。

b. B1 栋、B2 栋户型：三房＋二房

本栋资源相对一般，户型以中间层为主。

c. C1 栋、C2 栋、C3 栋户型：四房＋三房＋二房

本栋部分单位拥有江景和中庭景观，户型涵盖面广泛。景观最好的布置。

（3）**住宅户型设计与创新建议**

在提出具体的住宅户型设计与创新建议时，需要先综合考虑项目的客户特征、战略目标、市场竞争以及市场现状等因素，然后再对户型的平面设计

要点及创新之处提供建议。如某四线城市综合体项目的住宅户型设计与创新建议：

1）本项目户型设计与创新的考虑因素

客户特征——目前置业观念较为原始，但处于上升期，对新事物有非常强的心理接受度，且具备一定的经济承受能力；

战略目标——通过高性价比提升产品优势，从而体现项目高端形象定位并实现快速走量、为后期奠定基础的战略目标；

市场竞争——产品，尤其户型，是项目核心竞争力的关键组成部分，在日趋激烈的竞争环境下，本项目必须展现强劲的产品优势；

市场现状——站在大市场背景的视野来看，目前××市设计水平非常低，先进城市已有的成熟、先进的设计为项目提供了坚固的基础。

2）本项目户型设计与创新的指导原则

适度创新的户型设计：

a. 借鉴市场上优秀项目成熟的户型设计，结合当地居住习惯，提供符合本片区市场需求的标准化优质产品；

b. 本项目所推荐的创新是相对的，创新是适度的，必须以成本控制为前提。

3）设计要点

a. 在保证了传统的设计元素如凸窗、入户花园、双阳台，增加了创新元素露台、功能房。

b. 明厨、明卫，自然通风采光，提高居住的舒适度。

c. 赠送入户花园、露台、功能房，提高产品的附加值。

赠送面积的具体做法：

a. 落地凸窗送面积

落地凸窗高度不受2.2m层高限制，达到2.4m，砖砌假凸窗台板，入驻后再打掉，整个凸窗不算面积。

b. 阳台送面积

阳台错层布置，使阳台顶盖高度达到两层层高。

c. 空中花园送面积

错层布置；入户生活阳台；可将其改造成储藏室，相当于赠送50%的阳台面积。

4. 住宅智能化设计建议

针对三四线城市综合体项目，住宅物业智能化设计应根据客户的经济承受能力，主要可以从成本控制方面考虑，建议采用成本低但又具特色的智能设计，比如可以从户式新风系统、分户直饮机、无线上网等角度提出建议。如某四线城市综合体项目的住宅智能化设计建议：

根据前期定位，本案体量较大，智能化建议采取卖点新颖、利于维护的设施。根据市场接受能力和需求，建议项目保证园林景观、建筑风格等方面的增加值，智能化建议成本控制方面着手，主要采用一些成本较低、市场推广拥有亮点特色的项目（如地温中央空调、楼宇可视对讲、分户新风系统、分户直饮水、无线上网、雨水收集、太阳能等方面）。

（1）**户式新风**

1）新风系统

无需开窗（阻隔噪声、灰尘、蚊蝇，更加适用于本案所在的环境），且成本较低。保证室内 24 小时的空气质量；免除被动吸烟；解决家装污染，根据项目特点，建议采取分户新风系统。

造价：户式新风 25 ~ 40 元 /m²（建筑面积）。

2）中央空调

建筑整体性提升，在前期体验营销、后期节能省钱方面对客群具有吸引力。

造价：200 ~ 250 元 /m²（建筑面积）。

（2）**分户直饮水**

通过直饮水处理系统，可去除水体中全部的细菌、病毒、有机物、重金属等有毒有害物质，使水质达到直饮净水水质标准。

有助于提升项目品质、增加项目卖点附加值，赋予项目生态意义。

备注：管道直饮水系统，造价 20 万 ~ 25 万元 / 台

根据项目特点，建议采取分户赠送净水器的方法，既减少成本（管材等要求高），有减少日后维护成本。

单户成本：800 元以下。

（3）**无线上网**

利用社区无线局域网的网络覆盖技术，不受环境条件的限制，在居室内

高度自由地上网。

这种方式灵活、便捷,在本案具有可实施性(规模体量较小),而且更能吸引高知人群的青睐,比传统的网线接口更加节约成本。

设置建议:建议与当地电信、网通等合作,交房后由其布网,售后可以按照其标准收费。

无线上网整体成本极低,成本低于 300 元 / 户。其设置有利于项目高端配置的宣传。

(4)雨水收集

通过屋面、露台、路边收集渠等区域收集自然降雨的雨水经处理后用于小区水景补水绿化,浇灌道路保洁等。

单方成本极低,不超过 5 元 /m²,却可以增加节能的概念,增加卖点。

(5)可视对讲、太阳能等

新型的可视对讲可以实现户与户之间的免费通话,此类产品比较适合地市户户间交流较多的社区(成本:单户成本约 800 ~ 1000 元)。

太阳能路灯可以通过节能社区概念增加卖点(成本:社区整体需增加的费用,折合后每 m² 不足 1 元)。

5. 住宅物业其他规划设计建议

除了对上述住宅物业的建筑风格、园林景观、户型设计等方面提出建议之外,还应根据项目的具体情况和实际需要,有选择地对新型材料使用、配套产品建设等进行建议。如某四线城市综合体项目的住宅新型材料建议和配套产品建议:

(1)新型材料建议

仿石涂料:

1)质感较好,外观看似石材;

2)成本大致相当于面砖;

3)目前中高端社区采用较多。

(2)配套产品建议

1)健康功能:建设 2 个功能不同的主题会所。

康体中心:即医院、医疗诊所及保健、康体中心,更倾向于各类保健项目,氧吧、健康步道、太极拳馆、瑜伽馆等;开设琴棋书画、养生 SPA、药膳、保健讲座课程等。

文化中心：完全运动场所，各类休闲运动应有尽有。影视、视听类场所，满足欣赏功能、学习功能。

2）休闲娱乐功能：健康休闲基地，更多是用来实现它的功能——居住，为满足居住需求，需增加多种生活配套设施，以免除周边配套不齐全的劣势，这部分可以通过商业部分解决。

3）增加各种生活类配套：餐饮、超市、银行、邮政、美容机构、娱乐KTV、洗浴中心、网吧、书店、服装鞋帽店、西点品牌、酒店、休闲茶座、连锁店，尽一切可能满足日常各种生活所需，做到真正成熟社区。引进国际知名幼儿园，营造国际化楼盘的形象。

三、商业物业规划设计建议的要诀

无论是哪一类型的三四线城市综合体项目，其一般都包含有商业物业这一物业类型。在进行商业物业规划设计建议时，应就如何提升整体商业物业价值、重点从商业业态布局规划、交通组织与人流动线设计、建筑设计等方面提出具体的建议。

1. 商业业态布局规划建议

三四线城市综合体项目商业业态布局规划建议是指对商业业态组合、各楼层业态分布以及各业态面积配比等提出建议。对于三四线城市综合体项目，在进行建议时，不应一味追求规模和档次，而应根据当地消费者的消费特点进行商业业态组合建议。而在对各楼层业态分布进行建议时，可以根据各业态对楼层的依赖程度以及各业态之间的相互促进作用来进行业态分布建议。如某四线城市综合体项目的商业业态布局规划建议：

（1）购物中心

1）购物中心的规模确定

原则一：体现 ×× 市最大的购物中心特性。

原则二：结合知名品牌连锁百货（如大商、华联）的选址要求。

原则三：符合地下一层做超市的建筑需要。

综上所述，购物中心建筑面积建议为：40000 ~ 50000m^2。

2）业态布局建议

购物中心种类涵盖齐全，品牌众多，是本项目综合体中的核心主力店，起到汇聚人流、增加客源的功用。同时，知名购物中心的设置，对提升商业区整体形象起到提升作用，从而提升了项目整体高端形象。

四层：餐饮、娱乐。

三层：男装。

二层：女装。

一层：奢侈品、化妆品、鞋类品牌专卖。

地下一层：大型超市。

（2）商业街

1）楼层分布示意见表 1-52。

四层：影院、休闲健身中心。

三层：美食广场、电玩娱乐城。

一、二层：精品服饰街区。

业态布局建议　　　　　　　　　　表 1-52

物业类型			销售 / 租赁组合策略
商业	4 层	休闲健身中心、影院	持有；出租经营（出售）
	3 层	美食广场、电玩娱乐城	持有；出租经营（出售）
	2 层	精品商业街	出售
	1 层	精品商业街	出售

2）品牌商业街

a. 规模确定

原则一：商业街 1、2 层商业价值最高，同时也是项目快速回收资金的重要渠道，因此对 1、2 层的人流动线，铺面划分要做重点考虑。

原则二：考虑到现在 ×× 市生僻地段设立商业街，故定位更倾向于休闲娱乐定位。

综上所述，结合项目功能业态的选择和商业空间的结构要求，本项目商业街建筑面积建议为：9000 ~ 10000m² 左右。

b. 空间多适性建议——商业街的建筑灵活性

本项目商业价值最高的地上 1、2 层按照商业街形式来考虑，即商业街以店铺形式出售，档次控制在××市目前所能接受的档次范围内，抓住××市主力消费客群。无论从资金回收、商业氛围营造等角度考虑，这都将是一个合理的方案。

另外，考虑业主招商的灵活性，建议建筑内部空间采用灵活的设计手法，不仅可以通过内部分割形成商业街店铺对外租售，也可以直接利用大面积的通透空间，为招商大型休闲娱乐店、餐饮、健身等业态留出灵活空间。

c. 业态形式示意

（a）中庭空间是本项目商业街内部空间最大的特色和亮点，使顾客能够自由的上下，丰富购物流线。

（b）利用中庭形成的内部空间，即可以分割成特色独立店铺，也可以通透开敞，为三四层的大型餐饮娱乐主力店等进驻留足建筑空间的灵活性。

（c）利用中庭设置商业摊点及休憩设施，给人亲切随意的购物感觉，并且有效增加商业经营面积。

3）美食广场

a. 规模确定

结合区域市场主力商家美食广场的普遍选择和项目建筑空间的布局特点，本项目美食广场建筑面积建议为：$2000 \sim 3000m^2$。

b. 业态形式示意

本项目的美食广场，一定要在内部环境及规模品种上营造自己的特色竞争力，与市场现有水平拉开差距，同时依然遵循中低价位的原则，抓住年轻主力消费群。

c. 美食广场布局建议

地上三层商业：

美食广场的目标客户具有极强的消费目的性，属于集中商业中垂直商业人流的有效带动商业业态，所以应该有效利用其特征强化对集中商业客流的垂直带动效应，提升高层商业的商业价值。

针对项目商业功能业态的选择，美食广场布店三层商业，即可有效带动一、二层商业人流的上行，提升整个商业的价值，也可有效的与四层目的性消费商业功能业态结合，作为配套型商业功能满足其需求特征，从而提升其吸引力和竞争力。

4）数码娱乐城

a. 功能及规模确定

结合行业典型商家的普遍规模选择和项目商业空间结构的特征，本项目数码娱乐城规模建议为：2000 ～ 3000m²。

b. 业态形式示意

（a）数码娱乐城既是本项目的特色业态，强化项目的形象特质和差异化优势，同时也非常迎合区域市场以年轻人为主的消费群体的特征，凸显项目时尚动感的主题特色。此外，在目前的区域商圈中，这一业态属于相对空缺，市场经营空间相对较好。

（b）各种交互式游戏是其主要的娱乐形式。

c. 数码娱乐布局建议

地上三层商业：

数码娱乐的目标客户具有极强的消费目的性，属于集中商业中垂直商业人流的有效带动商业业态，所以应该有效利用其特征强化对集中商业客流的垂直带动效应，提升高层商业的商业价值。

针对项目商业功能业态的选择，数码娱乐应该与项目电影院形成上下一体，两大功能业态的客群既具有高度的统一性，而且其经营时间的要求都强调对其独立通道的满足，从而满足其经营的特色需要，所以将其布局在三层，与四层电影院上下结合。

5）休闲健身中心

a. 知名连锁健身俱乐部品牌商家需求见表 1-53。

知名连锁健身俱乐部品牌商家需求　　　　　表 1-53

经营商家	需求面积
××斯健身俱乐部	2000 ～ 5000m²
××健身俱乐部	1000 ～ 3000m²
××倍力	标准店 3000m² 左右
××健身	不小于 2000m²

结合上述分析，本项目休闲健身中心建筑面积建议为：2000 ～ 2500m²。

b. 业态形式示意

休闲健身、SPA 也是本项目的特色业态。休闲健身不仅与体现了本项目时尚活力的调性，而且能够抓住中高端客户群，可以有效地提升项目的档次，并与其他业态形成互动。

c. 休闲健身中心布局建议

地上四层商业：

休闲健身中心的目标客户同样具有极强的消费目的性，对具体商业垂直楼层的依赖性相对偏低，所以应该尽量将其布局在高层商业；

休闲健身中心在项目整体功能业态选择中不仅承担着满足区域中高端客户需要，丰富项目功能业态的目的，而且还必须依托其强化项目酒店的配套性优势，所以必须与酒店之间形成最佳的空间互动性，所以必须将其置于本项目商业顶层、酒店的负一层，以有效实现其功能。

6）影院

a. 规模确定

按照大型影院的设计要求，确定影剧院面积。

b. 影院布局建议

地上四层商业：

影院的目标客户同样具有极强的消费目的性，对具体商业垂直楼层的依赖性相对偏低，所以应该尽量将其布局在高层商业。

影院因其特殊的建筑要求，对内部结构的大开间要求较高，且必须满足其高层高的空间要求，因此将其布局在商业顶层，即可有效利用顶层特征对建筑结构进行调整满足其空间要求，也可利用影院的结构要求实现项目整体建筑外立面的结构形象提升。

2. 交通组织与人流动线设计的要点与建议

合理的交通组织与人流动线设计是保证商业物业持久高效运营的基础，策划人员在进行具体项目的交通组织与人流动线设计建议之前，需要明确商业物业内外部交通组织、停车场、货运通道、自行车路线等的设计要点。

（1）交通组织与人流动线设计的要点

三四线城市综合体项目商业物业交通组织与人流动线设计的要点如下：

1）内外部交通组织设计要点

a. 停车场主出入口，应与市政道路形成环状流通。

b. 争取尽量多的公交站点设立于商业物业周边。

c. 确保商业物业周边道路要设置人行斑马线、过街天（地下）桥，保障对街人群方便顺利过往流动。

d. 出租车停靠港湾，设于邻近商业物业主要出入口附近。

e. 在市政交通引导系统中，2km 范围，就开始实现引导，包括停车场信息的引导。

f. 避免停车场出入口设计在正对于市政道路红绿灯处，否则市政交通管制将会直接造成停车场进出车辆的大量拥堵。

2）停车场设计要点

a. 停车场车位数量设计必须得到保证。

b. 停车场中车流设计应以"向前"为原则，形成环状车流线。

c. 车道以单向为主，尽量避免对行双车道。

d. 车道设计不少于 8m 宽，保障居前车辆倒入车位时，后续车辆有足够道宽，绕道行驶。

e. 停车场人流、车流尽量避免交汇。

f. 停车场出入口数量设计应按停车位数量，及单位时间内流动量的测算结果进行配置。

g. 停车场道闸设计中，闸杆起落间隔时间必须根据车场规模和出入通道数量认真测算。

h. 停车场收费系统设计中，为提升车流速度，应增设置区域收费岗亭，不能完全依赖在主出口的收费岗位。

3）停车场导向标识设计要点

a. 导向标识系统引导驾车者尽快就近停车，避免车辆在停车场内长时间流动。

b. 人流标识重点引导至电梯间或楼梯通道，引导人群尽快离开停车场。

c. 通过色彩分区，将停车场分成若干个停泊区域，让顾客记住自己车辆泊放区域。车位排号要有规律，符合人们的思维习惯；车位分区编号要醒目、悦目。

d. 利用趋光原理，在电梯间、主通道等区域配置较强光源，形成强光区域，引导顾客尽快找到该区域，并进入商业经营区。

e. 停车场大面积墙面，可以制作大型、引导性标识，但应注意高于 1.8m，避免停车后被遮挡。

4）货运通道设计要点

a. 对于主力店尽量在室外或与主力店直接相连的建筑区域内，利用地下通道、架空层和坡道，设计单独的卸货出入口或通道。

b. 大型超市类主力店须设置独立仓库，在货运通道设计中，必须保证车辆可以直接进入仓库。

c. 在货运通道设计中，要认真考虑各种货运车辆行车规范与需求，如道宽、行车通道层高、通道转弯半径、倒车路线等。

d. 在室外广场设置少量停车区域，以保障部分如 20 吨 10 轮卡车等特殊运输车辆的临时需求。

e. 银行业态需考虑押钞车（收款车）最近停靠路线，在室外广场道路上预留进出口。

f. 停车场车位应全面循环利用，不需要为中小业态提供专用停车区。

g. 在导向标识系统中，对货运车流设置明显的标识，避免顾客车辆误入货运区域。

h. 在货运通道设计中，应尽可能避开顾客视野，以避免货运车辆对商业氛围的影响。

5）自行车路线设计要点

a. 自行车停放点应进行建筑设计或商业布置，保障项目整体形象。

b. 自行车流与机动车道必须分开，与人流尽量分流。

c. 室外广场部分设置拦车路障，避免自行车在广场的无序流动。

（2）交通组织与人流动线设计建议

在进行三四线城市综合体项目交通组织与人流动线设计建议时，应根据具体项目的实际情况，包括与外部道路、公交、地铁站点等的位置关系，对设计的难点与重点做详细的建议。如某三线城市综合体项目的交通组织与人流动线设计建议：

1）平面动线设置：

因项目两侧临街，人流动线和货流动线设计是难点所在。

a.A 区的货流可利用营业以外的时间完成。在独栋建筑的 F2、F3 之间要设计巧妙多变的连廊，进行相互贯通。

b.B 区的主入口下沉式广场因通过地下通道与火车站南广场相连。内部空间中，因围和中庭形成一个回路。

c. C 区的南侧应开敞式，设置跨河拱桥与对岸连接。同时对岸应与 B 区的东南侧相通。

d. B 区、C 区的卸货区要隐蔽设计，避免对内河休闲带景观的破坏。

2）垂直动线设置：

餐饮区动线设置要巧中取胜，是本项目垂直动线的重点。

a. 可在 C 区南侧外部设置一到二层的旋转楼梯，以加强沿河休闲区与 F2 的互动关系。

b. 建议将 B 区东北侧的垂直电梯设置为外部观景电梯。

3.商业物业各业态建筑设计建议

为避免商业物业的规划建议不能达到商家对经营场地面积、楼层、层高、水电消防、承重排污等的特殊要求，在进行商业物业具体的规划设计之前，需要明确各业态商家对物业建筑设计的具体要求。如某四线城市综合体项目商业物业各业态的建筑设计建议：

本项目商业物业各业态商家对物业建筑设计的具体要求见表 1-54 ~ 表 1-68。

超市对物业建筑设计的具体要求 表 1-54

技术指标	具体要求
项目周边环境	项目周边人口畅旺，道路与项目衔接性比较顺畅，车辆可以顺畅的进出停车场，且无绿化带，立交桥，河流，山川等明显阻隔为佳
建筑面积	12000 ~ 30000m²；单层 3000m² 以上
层高要求	层高不低于 5m，对于其楼的层高要求不低于 6m，净高在 4.5m 以上（空调排风口至地板的距离）
结构要求	柱距不小于 8m×8m； 楼板承重：食品楼层：1000kg/m²；非食品楼层：700kg/m²
停车场要求	至少提供 300 个以上地上或地下的顾客免费停车位，为供应商提供 20 个以上的免费货车停车位
卸货区要求	场地及建筑的面积和净高应能满足一辆 12.19m 货柜车（17m 长 ×4.8m 高，回车半径 15m，载货总重 40t）及五辆普通卡车（3.6m 高）行驶、回车、停泊及同时卸货的要求
广场要求	商场要求有一定面积的广场
展示要求	正门至少提供 2 个主出入口，免费外立面广告至少 3 个
客梯要求	每层有电动扶梯相连，地下车库与商场之间有竖向交通连接
消防设施	按国家消防有关规定进行设计施工，其设备在交工时应验收完毕具备良好的运营功能

续表

技术指标	具体要求
其他	1）市政电源为双回呼或环网供电或其他当地政府批准的供电方式，总用电量应满足商场营运及司标广告等设备的用电需求，备用电源应满足应急照明、收银台、冷库、冷柜、监控、电脑主机等的用电需求，并提供商场独立使用的高低压配电系统、电表、变压器、备用发电机、强弱电井道及各回路独立开关箱； 2）配备完善的给水排水系统，提供独立给水排水接驳口并安装独立水表，给水系统应满足商场及空调系统日常用水量及水压使用要求，储水满足市政府停水一天的商场用水需求； 3）安装独立的中央空调系统，温度要求达到24℃正负度标准

影院对物业建筑设计的具体要求　　　　表 1-55

技术指标	具体要求
面积要求	一般经营店面积 2000 ~ 5000m²
楼层要求	楼层要有直达电梯
周边环境要求	临马路，马路中间没有隔离带，或者距人行天桥、地下通道、人行道的距离小于100m；有网吧、麦当劳、肯德基、音像店、书店、餐厅、KTV、饰品店、冰淇淋店、时尚服饰店等相近的消费形态或配套设施
消防设施	满足消防标准，安全出入口≥2个，且不在相同方向
建筑要求	层高≥9m，柱距大于12m
电源	三相电源
空调系统	中央空调
户外广告	户外广告位至少1个，可视性好

特色酒楼对物业建筑设计的具体要求　　　　表 1-56

技术指标	具体要求
选择区域	成熟繁华商圈、大型商场附近
经营楼层选择	以首层为主，2 ~ 5 层均可
需求面积	500 ~ 5000m²
单层面积	500m² 左右
层高要求	层高≥3m
楼板承重	350kg/m²
给水排水	接驳到位
供配电	1000m² 至少 300kW
柱距	灵活
店内垂直交通	要求有
中央空调	商洽
燃气管道	必须有
排污	设置排污、排油井、隔油池及排油烟管道等

续表

技术指标	具体要求
店前走道	要求较高，最好无绿化
停车位置、数量	越多越好
物业交付标准	国家标准
租金承受范围	视位置而定，多数商家最多承受 80 元 /m² / 月以下
租赁年限	8 ～ 10 年
免租期	面谈，一般为装修期

亚洲美食对物业建筑设计的具体要求　　　　表 1-57

技术指标	具体要求
选择区域	城市核心商圈，商务办公区域
经营楼层选择	1 ～ 3 层
需求面积	200m² 以上
层高要求	层高 ≥ 4.5m
楼板承重	350kg/m²
给水排水	如凯威啤酒屋需提供管径为 DN40mm 的进水管
供配电	如凯威啤酒屋需提供不小于三相四线 130kW 电量
柱距	8m×10m
店内垂直交通	自动扶梯 2 ～ 6 个，安全通道 1 ～ 2 个
中央空调	200 ～ 220cal/m²，预留空调机位
燃气管道	如凯威啤酒屋需提供煤气有 60m³/ 每小时（天然气为 40m³/ 每小时）的用气量
排污	厨房及卫生间排污管径为 DN100mm，油烟管道一般为 600mm×400mm
配送区	部分商家需要，约 60m² 左右
停车位置、数量	20 ～ 150 个车位
物业交付标准	简装或毛坯
租金承受范围	视位置而定，多数商家最多承受 80 元 /m² / 月以下
租赁年限	10 ～ 15 年
免租期	3 ～ 12 个月

中西快餐店对物业建筑设计的具体要求　　　　表 1-58

技术指标	具体要求
选择区域	城市核心商圈、城市主干道、次级商圈等区域
经营楼层选择	一、二层
需求面积	200 ～ 2000m²

续表

技术指标	具体要求
单层面积	至少 200m²
层高要求	层高≥ 3.5m
给水排水	如绿茵阁需提供 2.5 寸的进水管
供配电	150kW
店内垂直交通	最好有
燃气管道	如绿茵阁等大型西式餐饮需要提供现有的燃气管道至指定位置或提供用量为 2500m³/ 月的燃气仓库
排污	如绿茵阁要求提供规格为 60cm×60cm 排烟管道引至楼顶；提供占地面积为 12m² 能建造排污隔油池的位置
店前走道	走道通畅，店内可视性强
停车位置、数量	提供免费固定的货车停泊位一个及一定数量的临时停车位
物业交付标准	简单装修或毛坯
租金承受范围	100 元 /m²/ 月以内或保底扣点
交付租金形式	现付或转账
租赁年限	3 ～ 8 年
免租期	3 个月
消费群	青少年、白领
消费年龄	18 ～ 45 岁

美发店对物业建筑设计的具体要求　　　　表 1-59

技术指标	具体要求
选择区域	商业较繁华的地段
经营楼层选择	1 ～ 2 层
需求面积	130 ～ 200m²
层高要求	层高≥ 3m
开间	8 ～ 10 为宜
进深	一般不超过 15m
排污	下水排污的管道要大一点
店前走道	最好不要有绿化带
物业交付标准	简单装修
租金承受范围	一般在 100 元 /m²/ 月左右
交付租金形式	纯租金
租赁年限	3 ～ 5 年
免租期	2 个月以上

续表

技术指标	具体要求
消费群年龄	20 ～ 50 岁
消费群收入	中高收入

美容纤体店对物业建筑设计的具体要求　　　　表 1-60

技术指标	具体要求
选择区域	商业比较成熟和住宅群较集中区域
经营楼层选择	一般 1 ～ 5 层
需求面积	300 ～ 500m²
层高要求	层高≥ 3.5m
停车位置、数量	不少于 20 个
物业交付标准	毛坯
租金承受范围	根据区域租金水平
租赁年限	3 ～ 5 年
免租期	2 ～ 3 个月
消费群收入	中高档
消费年龄	30 ～ 50 岁

书城对物业建筑设计的具体要求　　　　表 1-61

技术指标	具体要求
选择区域	城市中心商圈、临街商铺，交通便利，人流旺；社区店位置一般也可以，最好是临靠学校、文体用品专卖店、体育运动专卖店等
经营楼层选择	以首层为主，2 ～ 5 层均可
需求面积	10000 ～ 20000m²
单层面积	5000m² 左右
层高要求	层高≥ 6m
楼板承重	3 ～ 4t
柱距	10m×10m
店前走道	宽广
停车位置、数量	视实际情况而定
物业交付标准	毛坯
租金承受范围	根据位置而定
交付租金形式	纯租金
租赁年限	8 ～ 10 年
免租期	一般要一年

KTV 对物业建筑设计的具体要求 表 1-62

技术指标	具体要求
选择区域	人流量大、消费能力强的成熟商圈
经营楼层选择	均可
需求面积	2500m² 左右
单层面积	500 ~ 1000m²
层高要求	层高 ≥ 3.5m
供配电	国家工业用电标准
中央空调	具备
店内垂直交通	需要
柱间距	适当宽阔
停车场	需要，或者周围有停车场
物业交付标准	毛坯
租金承受范围	视位置而定
交付租金形式	转账
租赁年限	一般在 10 年左右

茶艺馆对物业建筑设计的具体要求 表 1-63

技术指标	具体要求
选择区域	位置好，周边居民收入相对较高
经营楼层选择	一、二层
需求面积	≥ 500m²
层高要求	4.5m 左右
给水排水	接驳到位
供配电	150kW
店内垂直交通	最好有
中央空调	需要
燃气管道	需要
排污	具备
停车位置、数量	不要求
物业交付标准	简单装修
租金承受范围	商洽
交付租金形式	纯租金
租赁年限	5 年左右
免租期	根据具体情况而定

续表

技术指标	具体要求
消费群收入	中高档
消费年龄	一般为 30 岁以上

健身会所对物业建筑设计的具体要求 表 1-64

技术指标	具体要求
选择区域	城市核心商圈
拓展形式	租赁、购买、加盟店等，较倾向加盟店形式
经营管理抽成比例	6% 左右
经营楼层选择	可适应较高楼层
需求面积	$2000 \sim 5000m^2$
层高要求	梁底净高 $\geqslant 3.5m$
柱间距	$8m \times 8m$ 以上
排污	设置独立的排污管道
给水排水	管道 $\geqslant 60DN$
物业交付标准	毛坯
停车位	$\geqslant 50$ 个
消费群年龄	$20 \sim 50$ 岁
消费群收入	中高收入

酒吧对物业建筑设计的具体要求 表 1-65

技术指标	具体要求
选择区域	繁华商圈
经营楼层选择	$3 \sim 5$ 层
需求面积	$500 \sim 2000m^2$
层高要求	层高 $\geqslant 3m$
排污	具备
物业交付标准	毛坯
租金承受范围	一般在 $50 \sim 80$ 元 $/m^2/$ 月左右
交付租金形式	纯租金
租赁年限	$5 \sim 10$ 年
免租期	装修期
消费群年龄	$20 \sim 45$ 岁
消费群收入	中档

桑拿足浴店对物业建筑设计的具体要求　　　　表 1-66

技术指标	具体要求
选择区域	地处商业繁华地段或中高档的住宅区
经营楼层选择	一般 2 ～ 5 层
需求面积	≥ 1000m²
单层面积	≥ 180m²
层高要求	层高 ≥ 3.5m
给水排水	需要
供配电	150kW
中央空调	需要
燃气管道	需要
排污	需要
停车位置、数量	≥ 50 个
物业交付标准	毛坯
消费群收入	中高档
消费年龄	20 ～ 50 岁

便捷式餐饮店对物业建筑设计的具体要求　　　　表 1-67

技术指标	具体要求
面积	首层，350m²（使用面积），门面 12m
高度	楼板到梁底高度，不得低于 3m
楼板承重	厨房区楼板负荷为 450kg/m²，餐厅区活荷载为 250kg/m²
供电	提供空调及 200kW 的用电量，并提供一条 185 铜芯电缆
供水	提供 25t 水 / 天，供水管径为 2.5/3.0in，水压不小于 2.5kg/cm²，并具有相应的用水指标
排水	提供相应的排水管线位置，排水管径不小于 6in
隔油池	在餐厅附近区域应提供适宜位置，供餐厅制作隔油池，该位置将不导致争议或影响相邻关系
化粪池	提供与化粪池相连的管道至租赁区域
排烟	提供室外相应的排放油烟管道位置，该位置将不导致争议或相邻关系。排烟管道的截面积为 500mm×700mm
招牌	在门脸上方提供招牌安装位置
空调	提供冷暖空调应保证使用时间自早 8：00 至晚 11：00，其制冷量厨房应不小于 450 卡 /m²/ 小时，用餐区应不小于 350 卡 /m²/ 小时。餐厅温度冬天应不低于 15℃，夏天不高于 25℃，春秋季应在 20 ～ 25℃之间。（如 KFC 自设甲方提供室外机位置）
设备总重	冷库、排油烟机、汽水机、制冰机的室外机全部放置楼顶，设备总重 3t，下设槽钢可将设备均匀摆放，使楼顶均匀受力
卸货车位	提供临时卸货车位

续表

技术指标	具体要求
消防系统	商家自设消防系统并与商场连通
电话	提供两条电话线路

咖啡店对物业建筑设计的具体要求　　　　表 1-68

技术指标	具体要求
商铺选址条件	1）位于商业旺区，有发展潜力的开发地段，以十字路口为佳，交通便利，需在一层或二层，面积在 500m² 以上（入住率率为 80%），至少 10 ~ 15 个停车位； 2）周围有众多消费群体，高档商务楼、别墅区、高档酒店、政府办事单位、高级居民小区
需求面积	300 ~ 800m²
电力要求	80 ~ 100kW
水力	2 寸出水管
煤气	15 ~ 25m³
商圈要求	1）商铺内部有配套的煤气、消防喷淋及烟感设备，水电煤气必须独立分表并按以下规定以满足营业需要； 2）排油、排烟、消防部门必须通过，施工管道铺设方便； 3）要有足够的装修期（70 ~ 90 天，依具体面积而定）； 4）如层高有 5 ~ 6.5m 以上，可做局部夹层（依商铺情况而定）
年限	6 年以上

4. 商业物业建筑形式与公共空间设计建议

三四线城市综合体项目商业物业建筑设计建议主要包括对商业物业的建筑形式、公共空间等的设计要点提出建议。策划人员可以通过参考借鉴其他成功项目的设计特色来提出本项目的公共空间设计建议。如某三线城市综合体项目的商业物业建筑设计建议：

（1）建筑形式建议

1）A 区

a. A 区是餐饮功能区，建议采用街区商业、独栋开发的方式。

（a）按照退红线 15m 计算，进深 25m，单栋面宽 12m，单层建筑面积 300m²，共 3 层。

（b）此处安排 9 栋单体建筑。

（c）建议两侧单体建筑面积稍大，单层建筑面积可达 500m² 左右。中间独栋建筑单层建筑面积最低不宜低于 200m²。

b. 同时围和小型广场，驻留人流。

独栋建筑之间建议设置大小不一的多个小型广场，分别设置绿化、休闲、即兴娱乐等不同主题，达到聚集人气、驻留人流的作用。

c. 单体建筑之间安排连廊互联，加强人流沟通性和业态划分灵活性。

（a）独栋建筑二层之间、三层之间设置连廊，加强互动性。但同时注意不要因连廊设计不合理对广场的围和空间感造成破坏。

（b）本区不建议采取地面停车，以免造成对整体主题氛围的破坏。全部采取地下停车方式。地下停车面积设置 8000m²，含 1000m² 非机动车停车场及 7000m² 机动车停车场，约停车 175 辆。

2）B 区

a. B 区主入口设置于十字路口交汇处，并设一小型广场，提供过渡空间

（a）B 区建议主出入口设置于十字路口拐角处，然后在北侧、西侧、东南侧各设 3 个次出入口。

（b）主出入口前设置 400 ~ 500m² 左右的下沉式广场，广场通过地下通道与规划中的火车站南广场相连。下沉式广场同时连接 B 区 B1 层和 F1 层。

（c）主出入口和首层标高不宜过高，外部台阶控制在 4 阶左右。

b. B 区外立面要颜色鲜明，造型体验娱乐元素，同时安排好墙体广告。

本区定位为家庭欢乐主题，因此本区外立面要体现此主题。

建议外立面考虑以下几点：

（a）以人的尺度为主，体现与人互动和交流。

（b）外立面色彩、造型要体现娱乐元素，色彩鲜明，线条丰富活泼。

（c）虚实方面，要保持一定的通透性，为商业展示服务。同时灵活设置墙体广告。

（d）与 A 区、C 区过渡处处理好细节部位，避免造成明显割裂。

c. B 区内部门厅和中庭合二为一，建议形式独特，同时防止空间过大。

（a）内部建议门厅和中庭合二为一，设置 1 ~ 3 层通透中庭。在此集中设置垂直交通。

（b）中庭设计不宜采用百货典型的方形中庭，建议采用圆形、椭圆形或不规则形等富有创意的中庭，以体现本区的欢乐、娱乐主题。

d. B 区中庭利用自然光线，将注意力和人流向上引导。

（a）中庭顶层设玻璃幕窗和遮阳层。充分利用自然光线。

（b）同时，此处应根据家庭欢乐主题设计景观，充分体现欢乐和娱乐的元素。

3）C区

a. C区此处采用玻璃幕墙，加强通透性和展示性。

C区面对火车站南广场，临衡山路主干道，具有很好的可见性。因此本区的商业外立面以玻璃幕墙为主，具有良好的通透性和展示型。考虑到4层以上部分为快捷型酒店，此部分外立面要与商业部分进行良好协调。

b. C区设置两个出入口，尺度要结合B区出入口考虑。

（a）C区北侧临衡山路长度为140m，考虑到消防要求及商业要求，本区临街应设置两个出入口，但由于B区设置一主出入口，为避免形成冲突，因此本区两个出入口设置不宜过于夸张，要采取较小的尺度。

（b）为避免本区临街面过于单调，同时加强醒目性，应设置一些特殊景观。

c. C区内侧设置跨河拱桥和沿河休闲区，充分利用内河资源。

（a）C区南侧临内河部分，应设置开敞式店铺，设置休闲业态。

（b）沿河种植树木，以遮挡南侧的阳光，形成优美的休闲环境。

（c）南北向跨河修建2～3处拱桥，贯通内河两侧，同时河南侧也可设置休闲座椅。

d. 此处地块条件要求设置室内步行街，建议室内步行街室外化设计。

（a）C区F2、F3设置室内步行街，通道宜设置为3m左右。

（b）层高宜设置4.5m，净高3.5m以上。

（2）公共空间设计建议

1）在入口、通道等处要精心安排，融入体验娱乐元素，引导人流，空间设计建议体现"娱乐"与"体验元素"。在次出入口和相互连接通道设计时，要运用宽窄变化、颜色变幻、灯光等元素组合，增强消费者的体验，起到缓解疲劳和增强吸引和引导的作用。

如××广场出入口通过灯光的运用，有效地缓解了出入口通道过长的弊端。

2）内部墙面、柱等构件宜采用灯光等手法加强体验性。

在内部空间设计中，关于墙和柱的处理，建议采用灯管幕墙的处理方式，通过灯光颜色的变化，体现娱乐元素。

如××广场采用这种处理方式，有效化解了大面积墙壁和多柱可能带来的单调感，增强了娱乐体验感。

3）可考虑通过宽窄变化、整体设计、几何形体等加强娱乐性。

关于墙和地面的空间设计，可以采取视为整体处理的方式，将地面与墙壁连为一体设计，通过几何线条的明快变化，达到了很好的体验效果。

如××广场的顶层也是采取了镂空几何图形，不规则组合，增强了体验感。

4）导示系统是关键所在，两者设计方式可结合使用。

建议在导示系统设计上，采用大比例、单色调的设计手法。或者根据分区功能的不同，分别采用不同的导示系统设计。

5）设计自身的、独特的、自成一体的景观小品系列。

本项目，尤其在A区和C区临街面的景观小品方面，应该根据项目定位和主题，设计特有的自成体系的景观小品系列，以达到增强体验、提高可视性的作用。

如××国际广场在景观方面，设计了特有的景观小品，同样的造型、不同的色调，分布于各个节点位置，既丰富了景观设置，富有变化，同时又不过于凌乱。

四、写字楼物业规划设计建议的要诀

对于三四线城市，写字楼物业较多出现在以商务办公为主导的综合体项目中，为突出作为项目核心物业的写字楼的竞争力，在进行建议时，可以结合典型案例的设计特色，从项目写字楼物业的结构、功能、服务等方面对如何提升写字楼物业的价值与创新设计要点进行建议。

1. 写字楼结构创新建议

三四线城市综合体项目写字楼结构创新建议主要是对如何通过创意办公设计吸引各类目标客户而进行的如采用错层、复式、凸窗等具有特色的办公结构设计建议。如某三线城市综合体项目的写字楼结构创新建议：

（1）错层：通过办公空间的立体分离，实现创意办公；部分错层与复式结合，出现了三错层结构，提高性价比。

1）错层：主打创意办公；

2）三错层：性价比与创意办公的完美结合；

3）邻错：实现户户朝南。

典型案例一：

××创展中心，主打 KIBS 概念，4.0m 错层结构与 5.5mLOFT 结构为其主力产品。

1）KIBS 指知识密集型企业，包括信息服务、研发服务、法律服务、金融服务、市场服务、技术性服务、管理咨询、劳动就业等八大类。

2）大厦定位 KIBS+Loft，为知识密集型企业定制既节省成本又专业人性化的办公空间。

3）销售时，错层结构样板间采用暖色调和木头，制造温馨感和原生态。

4）与双层结构的高性价比卖点相比，错层结构主要强调创意和立体的工作方式，同时在空间上实现办公私密性。

典型案例二：

×× LOFT，三错层设计，空间上实现接待区与办公区的分离，彰显老板高高在上的身份感。

1）三错层结构结合当地客户办公特点，空间上实现功能分区。

2）目前本市写字楼小住户往往办公室与展示厅放在一起，相互干扰比较大。

3）错层设计从空间上将办公、展示与休闲分开，使得同样面积条件下，小住户能够像大业主一样，享有独立空间。

典型案例三：

××家园，相邻错层结构，实现户户南向。

1）××家园通过左右户型错层，实现户户朝南；复式结构出售前已经划分好，售价按照实际使用面积来算，并未提升性价比。

2）××家园住户大都为广告公司等创意型单位，或者经济实力有限的小公司，档次不高。

3）此种方式南北进深过大，虽然实现户户朝南，但是居住与办公品质不高，属于市场早期产品，目前已被市场所淘汰。

（2）Loft：主要以高性价比来吸引客户。

1）一般定位中小企业尤其是科技、创意、贸易等公司；

2）将创意生活与高性价比结合，主要依靠偷容积率的方法来实现面积赠送，达到快速销售的目的；

3）一般层高为 4.8 ~ 6.2m，部分楼盘出现了 9m 以上的层高。

典型案例：

×× 广场，平层层高 4.8m，可复式办公，挑高层高 9.6m，可分为四层，高性价比，市场罕见。

1）项目主要卖点是其 100m 层高肺中庭（生态）和超高层高所带来的性价比。

2）此种产品在目前政策趋紧的情况，竞争优势不言而喻。

3）目前 ×× 市政策规定，写字楼层高超过 4m，容积率乘以 1.5，超过 6m 的审批有困难，故此种方式可能不可行。

（3）凸窗：高度不超过 2.2m，全赠送面积，增加性价比。

典型案例：

×× 世纪通过底下台面填高，与梁之间高度不超过 2.2m，算全赠送面积，使用时可把台阶打掉，做成步入式凸窗。

（4）企业总部：通过独栋或者 Town House 产品打造，倡导低密度花园式办公理念。

此类产品定位实力雄厚的大型企业，打破目前市场千篇一律的高层办公模式，倡导更为私密和尊贵、体现身份感的低密度花园式办公理念，目前主要出现在北京、上海等少数几个城市，属市场稀缺产品。

典型案例一：

×× 国际，多功能，复合式新型独栋商务体。

1）110 余栋 1000 ~ 5000m²，4 ~ 8 层独栋写字楼。

2）独立产权，独立冠名、独体独栋。

3）低密度庭院办公、企业级活性空间、可塑性独立大堂三大功能，开创"多功能总部商务模式"新格局。

4）系列产品，满足不同客户需要，精致花园（双拼）、城市大道（联排）、绿荫广场（独栋）。

精致花园：双拼结构设计，独立垂直交通系统，挑高 15m 中庭，2 ~ 4 层挑空观景台，演绎全新商务办公格局。

a. 地下室层高 3m；

b. 首层层高 4.5m；

c. 二、三层层高 3.5m；

d. 四层层高 3.5m；

e. 顶层层高 3.9m。

典型案例二：

××星座，Town House 办公理念，8 栋楼只售 8 个业主。

1）8 座 8 ~ 12 层写字楼，其中 A 座为双子塔楼，其余为独栋。

2）1、2 层为商业，3 层以上为写字楼，标准层面积 500m²，整栋建筑面积 4000 ~ 6500m²。

3）本项目最大的卖点就是低密度 Town House 花园式办公理念，硬件配置与一般甲级写字楼类似。

2. 写字楼功能创新建议

写字楼除了具有基本的办公功能外，策划人员可以从如何满足客户对办公舒适度、专业办公服务等更多样化的需求提出功能创新建议。如某三线城市综合体项目的写字楼功能创新建议：

（1）**生态写字楼：强调人与自然的对话，主要通过将自然元素引入室内，创造和谐办公环境来实现。**

广义的生态写字楼主要包括四个层面的内容：

1）绿色公共空间：主要通过楼宇内绿化和公共共享空间打造来实现。

2）通风采光：通过内庭院设计等实现写字楼的自然通风，增加采光面。

3）环保材料：主要通过高透光、低反射的幕墙以及楼面、配套系统的低能耗来实现。

4）空间感：主要通过楼层等公共空间高度和宽度来衡量。

目前一般生态写字楼主要着眼于绿色公共空间、通风采光来实现生态概念，而环保材料由于成本和客户感知问题，采用不多；空间感一般写字楼都可以满足客户需求。本项目主要关注绿色空间打造和通风采光两个环节。

案例一：

××大厦，高低区十字交叉分布空中花园设计，特点：

1）中低区通过东西双向的空中花园与高区天窗形成自然通风；

2）不影响高区南北双向空中花园的通风；

3）双向交叉的空中花园设计，不影响整层的结构，为高中庭设计提供空间；

4）围绕空中花园设计，顺利实现通风、采光、绿化。

案例二：

××国际大厦，双侧蛙挑（奇偶层跳跃式排布，标准层挑高设置），特点：

1）南北两侧每两层设置一个空中花园，双层挑高设置；

2）屋顶设置花园，超值赠送。

案例三：

××城市大厦，核心筒错开设计，配置空中花园，空气自然对流。

项目生态点见图1-10。

1）采光面广（保证每个单元两面或以上采光）；

2）自然空气对流；

3）空中花园；

4）明厕、明电梯走廊；

5）节能，环保建材。

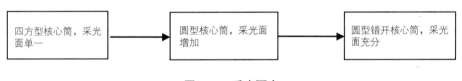

图 1-10 采光面广

案例四：

××国际交易广场，集中式空中花园；中央商务大厦，半围合空中花园设计，配合商务配套区。特点：

1）第九层10000m² 的空中花园，辅以大面积水系，在写字楼中是不多见的；成为写字楼中最大的休闲商务区，也是深圳迄今规模最大的空中花园。

2）中央商务大厦，集中在四层半围合设计；与该层的室内功能间共同组成项目整体的商务休闲配套区。

（2）节能环保：

××智谷，写字楼中的锋尚国际，依靠大量硬件投入和节能技术采用，打造高科技企业办公天堂。

1）采用十项节能技术，比普通写字楼节能75%。

a.楼板埋管系统；

b. 外遮阳板系统；

c.100% 全新风系统；

d. 外墙外保温系统；

e. 地源热泵系统；

f. 双面 LOW-E 中空玻璃幕墙；

g. 雨水收集系统；

h. 太阳能光热应用；

i. 屋顶绿化；

j. LED 节能照明。

2）依托 ×× 开发区和 ×× 高科技园，客户定位高科技企业和高层次的服务企业和贸易企业。

3）运作模式参照美国硅谷、英国 Arlington 等国际知名科学园区。

（3）MOFFICE：通过"办公集群"和"卖场所"两个理念将对客户需求的关注极致化。

MOFFICE，M 代表 MIX AND MATCH，强调混合与协调搭配，试图从人对空间的真实感受出发、从使用者的情感出发最大限度地增强办公舒适度，包括两个方面：

办公集群：强调项目的整体性与全局性，同时也体现了项目最本源的商务特性。将资源集中配置，并可全体享受。将厨房、会议室、商务中心等从办公空间中分离出来，每层或每几层集中配置，在保证正常办公的前提下，满足成长型企业对于小面积办公场所的需求。

卖场所：提供多种风格装修设计办公间，直接达到客户使用标准，避免客户装修麻烦。

MOFFICE，从本质来看还是定位小户型客户，通过各单体写字间办公以外功能剥离，集中配置，来减小户型面积，降低办公成本；另外多种装修方案选择，避免小户型客户再次装修麻烦。

典型楼盘：

×× MOFFICE，核心卖点为个性化装修与公共功能配套。

1）提供 38 种办公室设计方案，满足不同口味客户需求。

2）全部定位 100m² 小户型，受到科技型和创意型客户欢迎。

3）近万 m² 商业配套 18000m² 写字楼，为客户提供行政、商务、财务等方面"秘书"服务，通过为客户的"行政托管"，使得客户能够专注于自身业务发展。

（4）MOHO：定位中小企业，通过自由组合、商务共享、24小时办公与酒店式服务，达到企业形象与成本之间的完美平衡。

MOHO，原意为多功能办公居住空间，即SOHO的升级版，近年来，此概念也为一些商务写字楼所采用并进一步衍生为全天候小面积办公的含义。包括四个方面含义：

1）自由组合：最小分割面积缩小，出售时从最小分割面积到整层灵活出售。

2）商务共享：针对传统办公空间中利用率不高的一些功能空间，大厦集中配置。

3）24小时办公：主要通过分体式空调实现。

4）酒店式服务：主要通过与品牌物业管理公司或者高星级酒店合作，提供专业办公服务。

MOHO，从本质上来看还是主打中小企业，通过公共功能的合理配置来实现中小企业以低成本追求高形象的美好愿望。

典型楼盘：

××国际广场，通过自由、共享和形象三大主张，冲击××市写字楼市场。

1）商务自由：最小分割面积65m²，销售面积最小130m²；分体式空调，24小时办公。

2）商务共享：9～11层每层设置多功能会议中心。

3）商务形象：50层189m地标建筑，内部豪华配置，酒店式物管，彰显企业形象。

4）客户70%以贸易、IT等中小客户为主，40%为投资客户，最畅销面积为130m²。

3. 写字楼服务创新建议

在进行三四线城市综合体项目写字楼服务创新建议时，可以通过参照某种写字楼服务模式的定位、特点、运作方式以及服务内容等来提出本项目写字楼的服务创新建议。如某三线城市综合体项目的写字楼服务创新建议：

SVO：结合MOFFICE和MOHO特点的基础上，由专业公司运营，租期灵活，租金。

（1）定位

SVO 定位为新锐公司提供多方位的商务服务，只需提包就可入住办公，将建筑与服务完美结合。

（2）客户

SVO 客户主要为跨国或跨地区海外分支或办事处、新公司或分公司、临时组织、专业顾问型小公司等。

（3）特点

1）除具有 MOFFICE 和 MOHO 写字楼纯商务办公环境、自由组合、个性装修、办公集群等优点外，增添了专业化服务和租期灵活的特点。

2）SVO 一般由专业化商务公司管理，租期可以是 7 天，也可以是三年，相对灵活；租金较高，一般为普通写字楼 2～3 倍。

（4）运作方式

由专业化管理公司与写字楼业主签订协议，委托管理公司进行管理经营，业主参与分红。开发商可以参考 SVO 写字楼服务内容，借鉴其运作方式，形成新的营销卖点。

（5）服务内容

1）办公室服务：行政办公室、客人接待室、团队空间、专业前台接待、清洁及安全服务等。

2）连接服务：因特网连接、电话系统、联网支持、应用程序管理服务、网站及电子邮件设置等。

3）会议中心：会议室、培训室、液晶投影仪等。

4）支持服务：银行、快递、复印、打印、网页设计、传真等。

（6）借鉴意义

开发商可与专业公司或者物业公司协调，采用类似的运作方式，吸引投资型客户；参照 SVO 服务内容，提高商务服务专业度，形成软件营销卖点；30% 持有部分采取此种方式，解决后期经营问题。

（7）典型楼盘

××商务中心，更像五星级酒店的商务服务式写字楼。

1）硬件：按照五星级酒店的标准配置。

2）服务：提供从拜访者接待，复印、传真，每天一次打扫企业办公室，会客室里帮倒咖啡等企业所有事务性服务。

3）租用面积：30m² 起租，租期 7 天～ 3 年。

4）租金：110 元 /m²/ 月，而同等档次普通写字楼租金 40 ～ 50 元 /m²。

5）客户：周边城市的企业，特别是贸易企业把商务中心当做谈判总部。从机场接到外商后直接带到租用办公室洽谈，合同谈好后，有需要的再带看工厂。

五、公寓物业规划设计建议的要诀

对于三四线城市综合体项目中的公寓，应重点从其户型设计、装修设计等方面提出具体的建议。

1. 公寓户型设计建议

在进行三四线城市综合体项目公寓户型设计建议时，需同时考虑自住型和投资型客户的需求，其户型既可以用来居住，也可以作办公室使用。如某四线城市综合体项目的公寓户型设计建议：

本项目公寓主力热销户型集中在 50 ～ 80m² 之间，一居、小二居最受欢迎。建议公寓户型以一居和小二居为主，以有效满足自住型客户和投资型客户的需求特征。

一居：

面积范围：50 ～ 60m²。

户型比例：70% ～ 80%。

一居室户型，方正实用，也可作工作间使用。

二居：

面积范围：70 ～ 80m²。

户型比例：20% ～ 30%。

2. 公寓装修建议

三四线城市综合体项目公寓装修建议主要可以从公共空间装修和室内装修两方面提出建议。在进行建议时，可以通过参考借鉴市场上典型项目的装修特点，对公寓如何通过装修配置来提升公寓价值提供建议。如某四线城市综合体项目的公寓装修建议：

（1）公共空间精装修：

公共空间为客户看得见的地方，其品质直接影响整个项目的品质，打造远高于市场的公共部分装修标准。

建议原则：控制成本，提升品质，实现溢价。控制投入成本，明确购买群体以投资客户为主，将钱投入在客户看得见、愿意买单的地方。对局部进行重点打造，形成价值提升点，对售价进行支撑。

1）大堂装修建议

必备功能：智能化信报箱。

提升建议：业主及访客休息区，自动售卖机。

装修要点：地面瓷砖，天花板刷白，并体现设计感；提升建议：入口局部石材，高品质吊灯。

必备动作：电梯厅整体与大堂风格保持一致，主要通过软性装饰提升档次，提升要点：绿植、墙灯、天花设计感、不锈钢镜面电梯门。

2）电梯厅装修建议

装修动作：地面瓷砖，局部石材，美观灯饰，特殊装饰墙面。

3）电梯及轿厢装修建议

必备动作：采用电梯选用国产名牌即可，如上海三菱（2.5m/s）。

装修要点：轿厢地面大理石拼花，金属按键，镜面轿门，提升建议：轿厢内部墙面局部艺术装饰。

4）公共走廊装修建议

装修要点：地面高级地砖，墙面高级白色乳胶刷面，天花石膏板吊顶，提升建议：局部运用石材，局部软装饰，增加壁灯及标识，部分墙面艺术装饰，射灯。

（2）室内精装修：

1）市场典型案例见表1-69。

a. ××国际——实际装修标准约600元/m²，对外报1000元/m²，以国内普通品牌为主，搭配个别国际、国内知名品牌。

××国际装修案例 表1-69

部位		详细说明	部位		详细说明
地面	厅	仿实木强化地板或品牌瓷砖（大将军或欧美瓷砖）	厨房设施	橱柜	万和或华帝成品橱柜配不锈钢单盆
	厨卫	大将军或欧美瓷砖地面砖		灶具	嵌入式黑色玻璃燃气灶、油烟机

续表

部位		详细说明	部位		详细说明
天花		石膏板吊顶，配吸顶灯	卫生间设施	浴室设施	美标或科勒洁具、龙头、淋浴花洒、面盆、座便器、洗漱柜、钢化玻璃淋浴房、万和或华帝燃气热水器
墙面	厅	墙纸饰面或高级仿瓷	电器	插座	无品牌开关、插座
	厨卫	大将军或欧美瓷砖墙面砖		其他	格力或美的空调、排气扇
门	大门	盼盼或星月钢制入户门	家具		——
	房门	无，卫生间配钢化玻璃推拉门	装修价格		对外报 1000 元 /m² ，实际 600 元 /m² 左右
窗		铝合金双层中空玻璃推拉窗			

b. × 珑

长沙高端项目，实际装修价格为 1000 元 /m² 左右（表 1-70 ）。

× 珑装修案例 表 1-70

部位		详细说明	部位		详细说明
厨房	地砖	东鹏、斯米克、诺贝尔或同档次品牌面砖	卧室	地面	圣象、生活家或同档次品牌符合木地板
	墙砖			墙面	多乐士、立邦、华润乳胶漆
	橱柜	世嘉、尚美、欧派或同档次品牌		顶棚	成品石膏顶角线吊顶
	灶	有燃气房间配备		踢脚线	圣象、生活家或同档次品牌仿实木踢脚线
	油烟机	西门子、老板、方太或同档次品牌		筒灯、射灯、灯带	雷士、欧司朗或同档次品牌
	洗菜盆龙头	科勒、TOTO、乐家或同档次品牌	其他	房间门、卫生间	圣象、雅致或同档次品牌成品木门
	洗菜盆	不锈钢洗菜盆		门锁	顶固或同档次品牌
	吊顶	名牌铝扣板		合页	顶固或同档次品牌
	灯	雷士、欧司朗或同档次品牌		门吸	顶固或同档次品牌
	燃气热水器	华帝、海尔、樱花或同档次品牌		拉手	顶固或同档次品牌
	电热水器	华帝、海尔、樱花或同档次品牌		开关插座	西门子、西蒙、天基或同档次品牌
	冰箱	海尔、西门子、容声或同档次品牌		门槛石	东鹏、斯米克、诺贝尔或同档次品牌玻化砖
卫生间	地砖	东鹏、斯米克、诺贝尔或同档次品牌		露台、阳台、地面	东鹏、斯米克、诺贝尔或同档次品牌地砖
	浴霸	奥普、飞雕、宝兰或同档次品牌			

续表

部位		详细说明	部位		详细说明
卫生间	立柱台盆	科勒、TOTO、乐家或同档次品牌	其他	角阀	九牧或同档次品牌
	洗手台盆龙头、龙头、便器	科勒、TOTO、乐家或同档次品牌		洗衣机龙头	九牧或同档次品牌
	卫生间五金件	法贝、连锁、九牧或同档次品牌		普通地漏	九牧或同档次品牌
	吊顶	名牌铝扣板		洗衣机地漏	九牧或同档次品牌
	灯	雷士、欧司朗或同档次品牌防潮灯		窗台板	人造石定制

c.×达

典型综合体项目，实际装修标准 2500 元 /m²，对外报价 5000 元 /m²。知名品牌建材及电器，不同户型不同风格化设计；设有八大智能化装置（表 1-71）。

×达装修案例　　　　　　　　　　　　　表 1-71

装修范围		装修及材质
公共范围	住户大堂	五星级精装修大堂
	外立面	涂料
	电梯	日本日立电梯
住宅内部	门扇	实木门
	地面	客厅采用洛娃大理石、卧室采用实木地板、米黄大理石
	厨房	意大利实歌整体橱柜
	浴室	卫浴：科勒卫浴
	空调	日本大金中央空调系统
	卧室墙面	酒红色木饰面

八大智能系统（表 1-72）。

八大智能系统　　　　　　　　　　　　　表 1-72

系统	功能
户式中央空调系统	恒温恒湿
智能家居系统	远程调控室内温度、湿度、亮度以及安防监控、语音应答
户式中央热水系统	24 小时热水
地板采暖系统	地暖
LOW-E 中空玻璃	6+15+6 低辐射镀膜玻璃

系统	功能
食物垃圾中央处理系统	将食物磨碎，沿水管冲走
智能电梯系统	家中操控电梯，即招即到
指纹密码锁	集指纹、密码、钥匙三重控制

d. 市场典型案例小结及借鉴

小结：

从精装报价上看，公寓精装修对外报价集中在 1000 ～ 1500 元 /m²，而实际造价集中 800 元 /m² 左右，稍微高端装修配置标准为 900 ～ 1000 元 /m²。

从装修配置材料上看，主要采用少量国际品牌＋部分国内品牌＋其他杂牌配置，国际品牌主要运用在卫浴上，国内知名品牌主要运用在厨房、地砖等项目上。

借鉴：

目前 ×× 市市场上精装修项目较为少见，且装修标准较为低端，本项目仅需略高出市场现有水平，即可保证项目精装修高端品质，树立 ×× 市首个豪装入市项目标杆，形成市场口碑。

为避免因为精装修给项目总价造成额外负担，在控制成本的前提下，保证在市场的基础上，有重点的突出和提升，通过配置组合达到物超所值的目的和效果。

建议本项目的实际精装修标准为 800 ～ 1000 元 /m²，对外报价 1500 元 /m²，采用国际品牌卫浴产品＋国内知名品牌厨房产品作为本项目精装修的打造重点。

2）本项目精装修建议（表 1-73）

本项目精装修建议 表 1-73

项目	内容		备注
装修标准	800 ～ 1000 元 /m²		有重点地突出装修亮点，将客户最常用的、最需要的东西做到最好
装修配置	部分国外品牌＋部分国内品牌＋其他杂牌		
	卫浴	采用科勒、松下等国际品牌
	厨房	采用国内知名品牌中较好的产品，如方太 / 林内等
	地板、涂料、入户门、开关、可视电话等	采用国产普通品牌
装修风格	提供 2 ～ 3 种风格供客户选择		整体装修风格很大部分取决于软装，之于硬装方面，在材质相对统一的情况下，色调和工艺成为影响装修风格最核心的因素

a. 由装修设计公司提供 2 ~ 3 种精装修风格供业主选择：

（a）现代简约主义风格；

（b）现代简欧风格；

（c）新古典主义风格。

b. 1、2 栋公寓精装修交付标准建议（表 1-74）

1、2 栋公寓精装修交付标准　　　　　　表 1-74

部位	材料说明	部位	材料说明
客餐厅	地面：品牌地砖，配踢脚线，局部石材 墙面：高级乳胶漆（颜色可选） 天花：高级涂料，配防水石膏线（颜色可选） 灯饰：吸顶灯 入户门：木质防火防盗门，配门套、高级机械门锁 空调：格力或美的柜机	卧室	地板：复合木地板，含配套木踢脚线 墙面：高级乳胶漆（颜色可选） 天花：高级乳胶漆（颜色可选） 房门：高级木门，门扇表面为木纹饰面板，木皮封边；配门套、高级机械门锁 灯具：高级吸顶灯 空调：格力或美的挂机
卫生间	地面：高级防滑地砖（颜色可选） 墙面：高级墙砖（颜色可选） 天花：白色条形铝质扣板，白色乳胶漆及灯饰 其他配套："科勒"马桶、面盆龙头、淋浴龙头及花洒、面盆、玻璃搁物架，高级镜柜及洁柜，"樱花"浴霸，配玻璃淋浴隔断	厨房	地面：高级仿古防滑地砖（颜色可选） 墙面：高级抛光砖（颜色可选） 天花：铝质扣板（颜色可选） 灯具：节能灯 门：木质夹板门 橱柜及配套："方太"橱柜，人造石台面，配拉蓝。"科勒"不锈钢星盆，"科勒"冷热龙头，"方太"抽油烟机、嵌入式炉灶 其他配置："方太"牌燃气热水器
阳台	地面：高级仿古地砖（颜色可选） 灯具：高级吸顶灯 门：铝合金材质推拉门 天花：高级防水涂料（颜色可选）	其他	窗户：三层中空隔音玻璃窗 开关插座：西蒙开关、插座 通信：电话、网络及有线电视接口 安防：黑白可视对讲系统、燃气报警

2 栋公寓建议赠送简易家私，达到拎包入住标准，提升附加值，实现产品议价。赠送床架、床垫、床头柜（建议全有家私全套）、沙发、茶几、衣柜、鞋柜等（表 1-75）。

2 栋公寓"拎包入住"赠送家私标准清单　　　　表 1-75

名称	位置	备注
多人沙发	客厅	两房客厅赠送，一房无客厅
床架、床垫、床头柜	卧室	两房主次卧室各一套，一房一套
衣柜	卧室	两房主次卧室各一台，一房一台

续表

名称	位置	备注
鞋柜	入门玄关	两房、一房各一套
茶几	客厅	两房、一房各一套
椅子或单人沙发	—	一房赠送两张
电脑桌椅	—	一房赠送一套

注意要点：

（a）赠送的家私注重实用、美观，符合项目品质形象；

（b）赠送的家私返还算到销售价格中，并适当实现溢价；

（c）赠送的家私风格由设计师根据精房屋装修风格进行设计、匹配，避免出现家私与全屋风格不搭配，客户难以接受的情况。

c. 精装修风险提示

（a）对于需要加建或改造的空间处理，将面临一些技术难题，并且导致成本过高。

解决方案：在前期设计阶段，将加建或改造引起的问题前置，合理进行建筑及结构设计，便于后期竣工验收后的统一改造。

（b）对交楼标准持有怀疑，担心货不对板。

解决方案：注意装修策略，用品牌厨卫增加价值感；增加精装修标准材料展示与工法展示，展示装修用材标准，标明材料品牌、型号、价格（以零售价格为准）。

（c）后期维护与保修。

解决方案：开发商前期与装修施工单位签订装修保修合同，尽可能明确界定保修范围和时间，明确给到业主，同时做好施工过程中选材和工艺的监控，避免后续过多的返工工作。

（d）交楼时间延后。

解决方案：在前期签订合同时需将装修时间考虑在内，合理制定入伙时间，保障按时顺利入伙。

（e）开发商风险规避措施。

解决方案：购房人签订买卖合同的同时，购房人作为甲方（业主）与乙方（施工单位）签署一份委托装修附加协议，从而规避开发商的风险。

六、酒店物业规划设计建议的要诀

酒店物业较少在三四线城市中开发,其主要出现在各种功能均衡发展的综合体项目中,既可以提高项目的档次,也可以为其他物业提供服务和配套设施。在进行建议时,重点可以从酒店各功能面积分配、酒店服务内容等方面提供建议。

1. 酒店各功能面积分配建议

在进行三四线城市综合体项目酒店各功能面积分配建议时,可以通过参考国际上不同类型酒店对客房面积、公共经营面积、会议与其他设施面积的比例分配,并根据本项目的酒店类型定位来确定本项目各功能的面积。如某四线城市综合体项目的酒店各功能面积分配建议:

（1）酒店总规模

本项目酒店总面积 1.9 万 ~ 2 万 m^2,客房数量 240 ~ 300 间。

（2）酒店配套面积测算

按照国际惯例,不同类型饭店分项面积指标表:

不同类型饭店分项面积指标   表 1-76

类型	客房面积比例	公共经营面积比例	会议与其他设施面积比例
会议型酒店	44%	22%	34%
娱乐型酒店	45%	25%	30%
度假型酒店	45%	25%	30%
综合型酒店	62%	14%	24%

以酒店总规模 1.9 万 ~ 2 万 m^2 为基数,综合国外会议酒店建筑的规模配比,进行各功能部分的面积分配:

表 1-77

类型	客房面积比例	公共经营面积比例	会议与其他设施
会议型酒店	44%	22%	34%

客房部分:（19000 ~ 20000）×44% = 8360 ~ 8800m^2

餐饮、休闲娱乐等公共经营部分：（19000 ～ 20000）×22% = 4180 ～ 4400m²

会议部分：（19000 ～ 20000）×19% = 3610 ～ 3800m²

行政、机房及其他：（19000 ～ 20000）×15% = 2850 ～ 3000m²

依据测算方案，本项目酒店作为定位于商务会议，各功能配套面积分别为：

酒店功能面积建议表 表 1-78

功能	面积建议	内容建议
客房面积	3520 ～ 4400m²	客房数量为 80 ～ 100 间，主要以标间为主，配置部分豪华标间，若干个豪华套房
公共营业面积（含餐饮、休闲娱乐等）	1760 ～ 2200m²	餐饮主要设宴会厅（含中餐与西餐）、茶室、小型酒吧；休闲娱乐可以设置泳池、桑拿房、按摩室、棋牌室、台球厅、乒乓球室、KTV 等
会议面积	1520 ～ 1900m²	包括大会议室一个，小会议室若干个、商务中心等
机房及其他设施	1200 ～ 1500m²	行政区、机房及其他设施

2.酒店服务内容设置建议

为了突出项目的差异化和个性化，在进行三四线城市综合体项目酒店服务内容建议时，除了对酒店的标准化服务内容进行阐述之外，还应重点对酒店的特色服务内容提出建议，具体可以从房间服务、商务服务以及礼宾服务等角度展开对酒店的特色服务内容进行具体的建议。如某四线城市综合体项目的酒店服务内容设置建议：

本案将通过个性化服务创造差异化经营，可以提供以下软服务：

（1）酒店特色服务内容

1）房间服务：

a. 清洁房间；

b. 洗烫衣物；

c. 24 小时房间送餐；

d. 设施维修。

2）商务服务：

a. 文字处理；

b. 打印、复印、装订；

c. 电子邮件（上网）；

d. 会议室及设备租用；

e. 快件专递。

3）礼宾服务：

a. 机场接送；

b. 旅游；

c. 行李运送；

d. 协助婚礼。

4）其他服务：

a. 小件寄存；

b. 送花服务；

c. 代缴费用；

d. 预订服务。

（2）标准化服务内容

设施服务：

a. 宽带上网；

b. 24 小时供应冷热水；

c. 卫星电视。

（3）其他特色服务内容

本项目酒店还将通过以下特色，达到差异化经营：

1）占据 ×× 市中心地段，以五星级商务酒店与区内其他区域的酒店拉开差距；

2）通过时尚的立面、大堂等公共空间硬件的升级设施，在形象与档次上区分于其他酒店；

3）加大酒店自身休闲娱乐配套设施，在软件上以高标准服务水准为客人提供服务；

4）与项目的商业、公寓功能配套联合，提升酒店综合形象；

5）与国内外优秀的酒店经营管理公司合作，打造 ×× 市中心区内外皆秀的高品质酒店。

第2章

三四线城市综合体项目中期成功
招商销售的实操要诀

　　三四线城市综合体项目成功的招商销售既有赖于前期准确的定位规划，同时也需要策划人员结合项目所在三四线城市的实际情况，制定符合当地实际的推广、招商、销售策略。本章将分别对三四线城市综合体项目的推广以及招商销售执行策划的要诀进行详细的介绍。

第1节　三四线城市综合体项目营销推广策划的要诀

三四线城市综合体项目营销推广策划是指为了提升项目的整体价值，并将项目所要树立的形象传播出去，以达到吸引商家和目标客户群的关注，进而成功促进项目的招商销售而制定一系列的方法策略，具体包括制定差异化的整体营销推广战略、灵活多变的营销推广策略以及有竞争力的阶段推广策略等。

一、分工明确的营销策划团队架构设置

分工明确的营销策划团队架构设置是三四线城市综合体项目推广与招商销售有效执行的重要前提保障。在对项目具体的推广与招商销售执行策划的要诀进行介绍之前，先对营销策划团队架构设置的要点进行说明。

三四线城市综合体项目营销策划团队一般会设置企划部、招商部、销售部、研展部、法务部等部门分别负责项目的宣传推广策划、招商、销售、市场调研与业务拓展等工作。下面是某四线城市综合体项目的营销策划团队架构设置与各部门的职能说明，供读者参考借鉴（图2-1）:

（1）团队架构

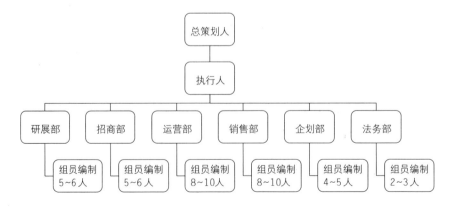

图2-1　营销策划团队架构

（2）各部门工作职责

1）研展部

市场调研及业务拓展工作。

a. 房地产市场调查与分析，客户信息搜集、竞争个案调查与分析，为公司项目制定营销策略。

b. 业务拓展，项目预测与市场分析，根据市场需求与市场经营信息，提交分析报告和项目市场定位建议。

2）招商部

a. 依据市场状况及项目规划制定工作程序，并按计划完成指定的任务。

b. 制定相应的招商方案、计划和策略。

c. 密切注意市场动态及客户要求，并及时总结和反馈。

d. 对进驻厂商进行审查评估，并协助办理登照事宜。

3）运营部

a. 作为一个综合职能部门，对公司经营管理的全程进行控管和修正。

b. 对公司的各个门店日常经营行为及业务、财务等运营，给予具体的指导、协调和监督。

c. 在操作过程中，力求做到指导有方、协调有度、监督有力。

4）销售部

负责项目全程营销活动，决定项目营销策略与执行，对销售工作进行评估、监控及达成销售任务。

a. 完成公司下达的销售任务。

b. 建立一定销售服务网络。

c. 建立健全各项销售规章制度。

d. 负责客户的各项销售服务工作及信息收集工作。

5）企划部

a. 负责项目品牌推广、企划工作，建立和发展公司的企业文化、产品文化、市场文化和管理文化。

b. 负责项目企划工作的掌控，包括市场调研、信息搜集，组织、参与、指导企划及活动方案的制定，完成项目营销推广的整体策划创意、设计和提报，指导专案策划和设计。

c. 负责项目对外形象的建立与宣传，建立项目与行业媒体的交流，配合完成日常推广宣传工作。

6）法务部

a. 参与项目招商、运营过程，拟定合法性的合作合同，对招商运营提出法律意见，并对相关法律风险提出防范意见。

b. 管理、审核公司合同，参加重大合同的谈判和起草工作。

c. 提供与房地产相关的法律咨询。

d. 对合作公司与企业违反法律、法规的行为提出纠正意见，监督或者协助有关部门予以整改等。

二、差异化的整体营销推广战略制定

三四线城市综合体项目差异化的整体营销推广战略为项目制定活动、媒介、包装等具体的推广策略以及各阶段推广策略提供总体的战略方向，其主要内容包括明确项目整体推广目的、推广思路、推广亮点等，下面将分别对不同类型三四线城市综合体项目整体推广战略制定的要诀进行说明。

1. 以居住生活为主导的三四线城市综合体项目整体营销推广战略制定

在制定以居住生活为主导的三四线城市综合体项目的整体营销推广战略时，可以重点从如何突出和有效宣传项目适宜居住生活等卖点来制定推广思路，并根据项目在社区配套服务、居住环境、教育、医疗等方面所拥有的优势制定可以作重点宣传的营销亮点。如某以居住生活为主导的四线城市综合体项目的整体营销推广战略：

（1）整体营销目的

打造 ×× 城教育地产的国际社区形象，创造整体项目更好的销售业绩。

（2）整体营销思路

高调引爆全城，全面释放信息，凸显文化卖点。

1）高调引爆全城：

通过各种媒介，塑造教育地产的国际社区形象，高调入市引发全城关注。

2）全面释放信息：

通过售楼处与围挡等现场环境的包装，对项目的规划和配套，传播生活方式给全城乃至周边城市消费者。

3）凸显文化卖点：

通过对社保教育、园区景观、生活方式、商业文化、物业管理等卖点的大肆渲染，影响××城的生活价值观。

（3）整体营销战略

强势推广，主动出击，灵活应变，快速去化。

1）强势推广

先塑项目形象，开展影响力大、关联性强的事件行销及公关营销，形成口碑，以"势"压人，完成市场形象突破。

2）主动出击

以行销为主，坐销为辅，充分利用开盘前期的时间空隙，牢牢抓住核心客户，同时影响其周边人群，积累客户。

3）灵活应变

及时注意市场变化、跟踪客户反馈，迅速调整行销方式和推广策略，密切观察竞争对手策略调整，及时应变。

4）快速去化

用多种促销手段，活跃现场气氛，缩短销售周期，平稳去化。

（4）整体营销方法

传统营销＋事件营销＋体验营销＋情景营销的方法，力争在销售时实现震撼的市场效应和取得优秀的销售成绩。

（5）营销渠道策略

媒介渠道＋人脉渠道＋活动渠道＝成功销售。

运用传统媒介和新兴媒体，全面释放项目卖点，增加人脉关系的营销，对本地人的各个生活圈，进行渗透，挖掘销售机会，促进购买欲望。

（6）营销亮点

三点一线＋维多利亚下午茶文化＋嫦娥生活＝新生活方式。

三级地级市的三点一线生活，人们早已经厌倦，随着生活水平的提高和欣赏水平的提升，追求更新更新鲜的生活方式。我们将结合媒介和体验活动的推广，向大众传播新的生活方式，吸引全城中高端人的眼球，创造更新的活动感受，从而喜欢上项目的社区配套服务和居住环境。所以项目将创造园区文化环境的活动，促进园区的卖点释放和项目形象的建立，增加购买信心和欲望，从而实施强效购买。

注：正统英式维多利亚下午茶的生活文化内涵，英国在维多利亚女皇时代是大英帝国最强盛的时代，文化艺术蓬勃发展；人们醉心于追求艺术文化的内涵及精致生活品位。是一门综合的艺术，简朴却不寒酸，华丽却不庸俗。

2. 以商务办公为主导的三四线城市综合体项目整体营销推广战略制定

在制定以商务办公为主导的三四线城市综合体项目的整体营销推广战略时，可以重点从如何突出项目的商务办公形象制定整体营销策略，并根据项目所具有的商务资源价值等优势制定项目的核心推广思路。如以商务办公为主导的某四线城市综合体项目的整体营销推广战略：

（1）营销整体战略思考

整体营销策略1：

Q：如何营造项目的戴维斯中心的极致形象，并将其成功传递给客户，从而以高价也能畅销？

A：高形象的关键因素：世界级商务平台＋世界级都市多元体。

营销原则：世界级的高体验。

整体营销策略2：

Q：2011年9月，第一批单位入市，蓄客期短，如何保证高形象、高价格、高消化速度的实现？

A：关键因素：精准、精细、引爆。

营销原则：快速引爆、热点不断、魔鬼控制。

（2）本项目营销的核心思路

1）围绕世界级都市多元体和世界级商务平台体现项目的顶级商务资源价值，制造高体验；

2）集中引爆、热点不断、精耕细作、魔鬼控制。

（3）总体营销推广思路

两条推广主线：

1）营销专题

媒体炒作：报广、软文、户外、网络。

包装：外展、售楼处文化体验中心、现场包装。

活动：产品说明会、×酒会、项目开盘、十佳企业家评选。

2）×菲会主线

客户细分，推售安排，分解筹，客户维系。

3. 各种功能均衡发展的三四线城市综合体项目整体营销推广战略制定

在制定各种功能均衡发展的三四线城市综合体项目整体营销推广战略时，可以重点从如何利用各种物业类型之间的相互促进带动作用来制定项目的营销推广思路。如各种功能均衡发展的某四线城市综合体项目的整体营销推广战略：

（1）项目营销策略核心

1）我们卖的已不仅仅是那区区几万方的商铺；

2）我们要倡导的一种文化——××文化；

3）我们要引领的一种风尚——××风尚；

4）我们要引导的一种消费理念——××生活理念；

5）目的很简单：打造成××市妇孺皆知、首屈一指的都市多维高尚居住区和娱乐餐饮休闲之都。

（2）营销策略思路

1）在营销推广层面上，建议项目以"多维综合体"的高端优势，用商办带动住宅，先行进行住宅顺利的销售去化。最终形成"住宅、商办"的良性互动。

2）在整个营销中，商业将是项目的难点，故应着重从商业层面进行营销的分析。

（3）推广模式

1）以特诱人

a. 以国际化多维城市综合体，聚集人气。

b. 以声势浩大、核心特色商霸之势，通过与政府联动、媒体、活动宣传等手段，进行全方位推广，让项目在××市当地造成舆论效应，在人民心中树立地标形象，最终拉拢人气。

2）以势带销

a. 先树立项目形象，以形象带动销售。

b. 利用小业主从众，跟优的心理，竖立本案××市商业"多维品牌经典与时尚"标志形势，打造知名度，使其成为万众瞩目的焦点，最终使本案进入"抢"盘效应，为销售创造条件。

3）高举高打

a. 倡导国际化多维生活理念、多维生活方式、形成多维生活文化。

b. 高举品牌形象，推广手段多与政府联动，如政府的招商引资会，商业地产论坛等。竖立项目高姿态形象。

三、灵活多变的营销推广策略制定

无论是哪一种类型的三四线城市综合体项目，其常见的营销推广策略主要包括活动策略、媒介策略、包装策略、蓄客策略等，下面将分别对各种策略制定的要诀进行介绍。

1. 活动策略

活动是三四线城市综合体项目吸引客户，提升品牌影响力的重要手段。活动的类型主要包括公共关系活动、节庆活动等。在进行活动策划时，可以分阶段对各种活动的目的、活动方式、活动步骤以及效果预期等分别进行说明。如某四线城市综合体项目的活动策略：

（1）准备期

1）城市的未来，人类的希望。

a. 活动目的：突出教育地产卖点，聚集人气，引发社会关注。活动形式雅俗共赏，以教育事业的重要意义为宣传宗旨，打出 ×× 项目的品牌，密切与政府教育部门合作。

b. 活动方式：

（a）报纸新闻：从教育行业引发公众思考，孩子是人类未来，教育是孩子的未来保证。

（b）时间：6 月 1 日。

（c）活动地点：××。

c. 步骤：

（a）邀请政府要员和文化名人、教育专家与媒体组成评委会，联系电视台、报纸等新闻媒体进行相关报道。

（b）先期在附近街道张挂横幅，进行 DM 派发，并通过报纸、LED 广告进行活动告之。并根据情况组织名车巡游活动，以宣传本次活动。

（c）活动现场布置隆重，请专业主持人进行主持，调节气氛，使活动顺利达到预期目的。

d. 效果预期：

形式独特的招聘会将起到良好的广告效果，引发市场关注。

2）房模大赛（独特的招聘形式）——××项目留住你的美。

a. 活动目的：形象展示，聚集人气，引发社会关注。活动形式雅俗共赏，以崇尚自然，享受生活为宗旨，打出××项目的品牌，密切与政府的合作。

b. 活动方式：

（a）报纸公告：招聘××项目代言房模（暂定六名），初试后，在售楼处举行复试。届时将在售楼处门前隆重布置，搭建表演台。复试分三部分：形象展示、才艺展示、机智问答。

（b）时间：6月2日～6月20日。

（c）活动地点：售楼处。

（d）售楼处布置及道具：（需提前租借3～5辆名贵轿车或跑车）。

布置舞台，摆放鲜花，馥郁馨香；以绸幔、大型背景板、彩旗等营造热烈气氛；音响系统，优雅的背景音乐，舞台秀时有专门的动感音乐。

此外还需准备宣传单、花束、奖品、礼品和必要办公设备等。

c. 步骤：

（a）邀请政府要员和文化名人，与开发商、代理商代表组成评委会，联系电视台、报纸等新闻媒体进行相关报道。

（b）先期在附近街道张挂横幅，进行DM派发，并通过报纸、电视字幕广告进行活动告之。并根据情况组织名车巡游活动，以宣传本次活动。

（c）活动现场布置隆重，请专业主持人进行主持，调节气氛，使活动顺利达到预期目的。

（d）获奖的××项目代言房模将成为××项目的销售大使，进入培训阶段，成为营销中心的工作人员。

d. 效果预期：

招聘到高素质的售楼小姐，通过后续的专业培训，以良好的气质形象和专业周到的服务，提升楼盘的整体形象，对未来销售也将起到促进作用。

（2）引导试销期——阻隔竞争对手的销售策略

1）内部认购与"××项目VIP卡（登记）"的推广

a. 内部认购：在预售许可证拿到之前通过××项目业主 VIP 卡的销售进行内部认购，先期占有市场。掌握市场对产品的认知度，通过价格杠杆和时间掌控，合理调节利润。

b. VIP 卡（直销）：建立一种客户优先权，其重要功能是增强客户的归属感，购卡者拥有的名门世家会员资格，享有优先选房权。VIP 卡实行实名制，单卡只限购房一套。购卡客户可以在开盘时享受一定的优惠，如全款享受九八折优惠，商贷九九折，视情况还将享受社区各项收费服务的优惠，或有机会得到一楼自由花园，具体视销售情况而定。

2）××项目 VIP 业主联谊会

a. 活动概述：

根据项目销售情况及工程的进度，适时举行业主联谊会（如销售超过80%，封顶、外立面落成，交房等节点），使业主时刻关注项目的进展，同时有利于促进客户群体的扩大。

此项活动可以演绎成为社区文化的组成部分，逢传统节日或特殊纪念日便可举行。

b. 效果预期：有利于楼盘整体形象的提升，为开发商营造良好的口碑。丰富社区文化，塑造教育地产国际社区形象，为第二期推广打下良好群众基础。

3）塑造开发商及项目品牌形象——××项目教育论坛

a. 活动概述：由××房地产牵头，邀请本地教育主管部门、名校老师、外教等相关专业人士以及部分市民代表、媒体代表，举行"教育论坛"开谈仪式，会议内容旨在针对目前教育行业集中反映的不良现象为纽带，在孩子早期教育、9 年制教育等问题进行探讨和解决方案。

b. 活动背景：作为××地产重要开发项目，对于企业自身形象的树立至关重要。

c. 活动目的：塑造开发商形象，同时增加产品的信誉程度，提升社区品位，表现开发商追求卓越的经营理念和对居者的关爱。有利于塑造教育高档社区的形象，促进销售进行。

d. 效果预期：通过此次活动能有效提升开发商在业界知名度，提升品牌形象，使消费者对本项目充分认可，树立开发商诚信于社会的形象。

（3）公开强销期——开盘仪式

"××项目，尊贵登场"开盘仪式。

1）概述

售楼处前举行开盘仪式，当场公布价格，签转大定，并举行冷餐会或鸡尾酒会，为客户提供相互交流的机会，增强已有及潜在客户对物业的信心，届时有露天音乐会以营造气氛。（如天气不允许，可联系宴会厅举行音乐冷餐会。）

现场将以来访者能切身感受到的井然有序的开盘仪式、彬彬有礼的服务态度来彰显真正的专业素养和较高的楼盘品质。

时间：10月1日（暂定）。

地点：售楼处。

2）相关工作内容

a.准备工作

（a）广告

户外：为了预先告之开盘日期，营造开盘销售时的热闹气氛，须在主要街道布置横幅、罗马旗，以彩灯、气球等道具装饰售楼处现场。还可预先投放户外广告，以引起广大市民对本案的强烈关注。

报纸/DM/短信/网站：以业主回家为主题，集中在开盘前一周为盛典开盘制作平面和影视广告。

（b）售楼处包装

沿途摆放芳香类鲜花花篮，售楼处门前以彩虹拱门、空飘气球、彩带、条幅、花篮等营造热烈气氛，舞台布置突出喜庆气氛且要大气美观，用色明快。

（c）相关嘉宾（如著名节目主持、演员等）的邀请和接待

邀请在当地小有名气的电视节目主持人进行现场主持，以吸引人气。可邀请著名演员前来助兴，现场表演小节目或签名赠送楼书。

（d）联系相关单位

a）联系礼仪公司、相关服务人员进行活动彩排。聘请专业摄影师进行现场摄影、拍照。

b）联系电视台、电台、报社等，邀约以新闻报道的形式对开盘活动加以报道和采访。这将提高本案的市场关注度，而且通过媒体的宣传，对后期的销售也将起到促进作用。

（e）现场辅助工作

a）现场设银行按揭业务咨询处、物业管理咨询处、现场财务、保安等。

b）公开张贴价格表以及优惠政策。

c）配备若干引导人员，保证现场井然有序。

b. 开盘当日活动

（a）开发商致辞；

（b）物业管理公司代表致辞；

（c）开盘剪彩；

（d）安排信鸽放飞的仪式，寓意放飞对美好生活的梦想；

（e）小型节目表演；

（f）礼品赠送；

（g）举行音乐冷餐会或大定客户的鸡尾酒会。

3）效果预期

良好的前期广告铺垫，新颖的开盘形式，可以全面提升楼盘知名度，深化产品形象，此举将引发市民广泛关注，并大幅促进销售。

以上活动方案将随项目进展做进一步细化。

2. 媒介策略

媒介是三四线城市综合体项目宣传推广的主要载体和工具，其常见的类型主要包括电视、广播、报纸、杂志、网络、短信、户外广告、车身广告等。在制定媒介策略时，策划人员应先明确各种媒介的特点及其优劣势，并考虑项目所在三四线城市当地的主流媒体形式以及结合各阶段的推广目的和推广主题来选择合适的媒介。如某四线城市综合体项目的媒介策略：

（1）媒体策略原则

加强户外、网络、线下小众媒体，相对弱化传统媒体。线上低调，线下把握；立势一步到位，差异化营销突破。

线上广告是指大众媒体广告，也就是我们通常在各类公开性的媒体上所看到或听到的广告，如报纸、电视、电台、杂志等等。

线下广告是指非大众媒体广告，也叫做终端广告。就是围绕广告卖场、促销所需要及涉及的所有宣传物料，即：单张、画册、插页、说明书、海报、喷画、包装、折页等，也包括了相关的公关活动。

1）线上控制投入，主打形象

传统的线上广告保持低调，主打形象，避免大众市场的过度聚焦。

线上广告主要集中于圈层客户所易于接触到的高端杂志，配合部分高端报纸（避免硬广，以软文为主）。

2）线下圈层营销突破

通过对展示、服务、活动的精心设计、把握，让圈层客户充分体验感知项目的与众不同，引起共鸣。

通过线下的推广，强化客户意向，放大口碑传播，促进成交。

3）立势一步到位，差异化营销

项目定位于城市之首的顶级商务平台，必须力求一次立势到位，避免陷入低端商务的无谓竞争，备受干扰。

营销上必须有所突破与创新，从营销层面上引领市场。

（2）主要媒介选择说明：从线上到线下的结合

关键一：

1）需言之有物；

2）清晰告诉客户项目卖点。

关键二：

1）推广信息与销售重点结合；

2）让推广真正为项目销售服务。

3）结合销售阶段，有重点地投放。

关键三：

1）降低营销成本，将钱花在刀刃上；

2）在客户看得到的地方，做文章；

3）实现推广效果最大化。

线上推广：

户外广告：项目周边、××机场等核心地段。

主流报纸：××晨报、××晚报、××日报（软文硬广）等。

高端杂志：航空杂志、动车杂志等。

电视广告：机场媒介、航班电视等。

网络媒体：新浪网、项目自建网站、××网站等。

其他：五星级酒店广告、机场VIP通道广告等。

线下推广：

直邮广告：银行白金VIP等。

其他会员：高档百货会员等。

会所会员：通过会所积聚众多高端客户。

销售物料：单张、画册、折页等销售物料。

电影片：现场多媒体播放 ×× 项目形象宣传片。

×× 网络：现场多媒体播放 ×× 项目形象宣传片。

（3）推广分期

1）6 ~ 7 月形象体验期

形象体验期：利用活动建立项目高端形象，同时通过会员招募考察客户诚意度。

项目节点：招募会员。

阶段目的：利用活动建立项目高端形象，同时通过会员招募考察客户诚意度。

推广主题：强调营销中心的体验及项目整体形象。

推广渠道：线上线下同时推广，线上蓄水，线下积累。

传统媒体：重要节点投放 ×× 晨报、×× 日报报道。

户外广告：项目周边，项目导示牌，路旗。

其他媒体：动车杂志、机场 VIP 通道、贵宾室；银行白金卡、证券大户、名车联谊会等直邮；各商会刊。

2）8 月认筹期

客户认筹期：多角度渗入目标客户，提高客户认筹量。

项目节点：项目认筹。

阶段目的：持续项目高端形象，多角度渗入目标客户，提高目标客户认筹量。

推广主题：认筹信息。

推广渠道：线上线下同时推广，线上主打形象，线下主打项目认筹信息。

传统媒体：报纸保持形象体验期的投放量。

户外广告：保持原有的户外广告，更换信息。

其他媒体：保持原有的媒体渠道，重点由会员客户变为更为高端的项目目标客户。

3）9 月开盘强销期

强销期：客户诚意度排查，为解筹造势。

项目节点：解筹开盘。

阶段目的：客户最后挖掘和排查，为完成开盘目标而造势。

推广主题：开盘信息 + 产品信息。

推广渠道：线上广告减少，主打形象，线下加强，主打项目在售信息。

传统媒体：适当减少线上媒体投放，主打形象。

户外广告：保持原有户外媒体，更换信息，主打在售信息。

其他媒体：除原有媒体外，加大其他线下媒体推广，以会所和活动为载体，促进销售。

4）10 ~ 12 月持销期

持销期：以感受为主，多做活动营销；推动老带新，结合会所做圈层营销，考虑加推。

项目节点：持续销售、考虑加推。

阶段目的：持续销售热度，口碑传播突破，以老带新和圈层营销拓展客户。

推广主题：强化客户"标签"。

推广渠道：线下为主，线上为辅。

户外广告：保持户外广告，根据实际情况更换内容。

其他媒体：进一步强化线下推广；根据实际情况考虑外地推广。

3. 包装策略

三四线城市综合体项目包装是最能向客户直观展示项目形象的方式。在制定项目包装策略时，策划人员主要可以从项目导视系统、围板、楼体条幅、售楼中心、样板房、看房通道以及服务体系等方面包装的要点进行说明。如某三线城市综合体项目的包装策略：

（1）展示攻略

1）绍兴第一品质看楼体验大道（图 2-2）。

备注：

①4 ~ 6 根据项目工程进度决定是否采纳，尽量保证能进行全面展示，给客户震撼感。

②最好将集中式大堂作为售楼处。

2）远程导示系统。

布置原则：

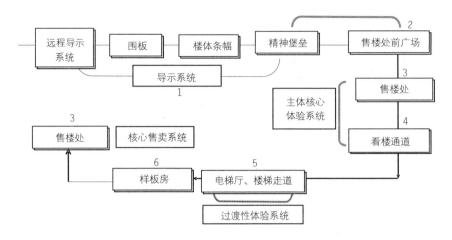

图2-2　看楼体验大道

a. 潜在客户来源方向。

b. 市区主干道以及人流密集区域。

c. 高速主入口以及道路重要节点。

d. 市场区。

具体布置（图2-3）：

道旗：两纵一横布置，沿×桥大道、×扬路以及×贤路布置道旗。

高炮：高速入口区、轻纺市场以及××立交桥。

围板：如市场区内或者重要节点无高炮，则利用高处建筑围板形式取代。

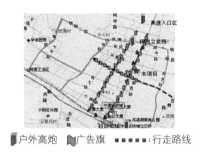

图2-3　具体布置图

（2）围板

1）沿华×路、湖×路沿线，建立区域认知度。

区域位置：强调与县政府等行政中心距离，突出区域优越性。

主打概念：突出 MOHO 办公理念，建立身份标签。

工作团队：强强联合，强调专业性。

依托板块优势，建立身份标签。

2）规划路点对点竞争，分流竞争楼盘客流。

突出项目核心卖点，直接打击竞争楼盘。

点对点直接竞争，抢占区域高地（图 2-4）。

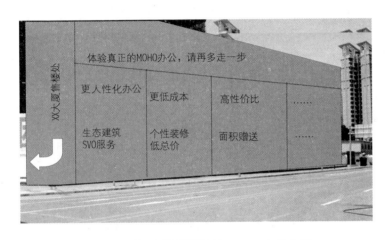

图 2-4　采用立体围板展现 MOHO 办公空间

3）形式采用立体围板展现 MOHO 办公空间。

采用新颖的立体围板包装，直接冲击客户视觉感受。

（3）楼体条幅

1）楼体沿湖 × 路与华 × 路方向挂出巨幅条幅，要求醒目，昭示性强。

2）内容要求包括楼体名称、主打概念以及联系方式。

3）本项目建议内容为 ×× 大厦，MOHO 办公新时代。

（4）精神堡垒

通过开放式前广场与核心雕塑、小品、喷水池等彰显气派与标志性。

突出项目符号性的视觉焦点，形成开放、大气的印象，建立楼盘的精神标签，建议采用符合纺织业特点的雕塑，拉近客户距离。

（5）销售中心展示

1）模型：

打造区域模型，阐述项目绝版地尊概念。

要点：

a. 反映项目与县政府、××湖之间的距离，表现项目区域中心和景观资源，突出绝版地尊的至高无上的地位。

b. 可采用挂在墙上形式，节约空间占用。

2）包装：

a. 注意灯光亮度与铺装材料营造庄严尊贵感觉。

要点：

（a）采用皮质沙发，彰显品质。

（b）增添绿色元素，打造生态概念。

（c）色调采用红木沉稳豪华系。

（d）现场灯光采用暖色调。

b. 营造私密洽谈空间，背景设计创造良好氛围。

（a）尽量营造开间小的私密空间作为洽谈场所。

（b）背景设计要显示楼盘品质，创造良好氛围。

3）3D动画：

通过3D动画的视觉冲击力和音效效果吸引客户。

要点：

a. 设置类似电影院或者视听室的房间。

b. 采用大屏幕液晶显示器或者投影仪。

c. 注意室内精装修。

4）纺织脊梁墙：

扛起绍兴纺织大旗，推行文化营销。

要点：

a. 开辟小型场所，打造绍兴纺织行业脊梁墙，陈列本市知名企业LOGO和产品。

b. 未来入住客户如满足要求，亦可入列，增加荣誉感。

c. 整体装修应体现庄严肃穆感，强调民族自豪感和社会责任心。

5）服务：

通过一系列服务，提升项目形象，向客户展示未来办公方式。

要点：

a. 设置吧台区域。

b. 洗手间体现楼盘档次，开阔豪华。

c. 大堂门口及关键节点设置门童。

（6）看楼通道展示

看楼通道：尊贵体验。

尊贵体验＋醒目标识＋项目核心卖点展示。

1）看楼通道包装围板，与工程围板保持统一调性与主题。

2）增加一些与纺织业相关的展示，拉近与客户距离。

3）精美指示牌。

4）户型面积图、装修材料及随楼附送说明。

（7）大堂、电梯厅展示

大堂、电梯厅：高贵大气。

1）豪华大堂

关键点：

a. 体现高贵大气品质。

b. 设置公共服务区，体现人文关怀。

c. 设大堂电子屏，随时发布社区各种信息。

d. 设置大堂经理引导、咨询服务。

2）电梯厅

关键点：

a. 装点细节，体现品质。

b. 电梯间有保安接待。

（8）样板房展示

1）多种风格精装修样板房。

时间：开盘前完成。

关键点：

a. 多种风格，满足不同客户需求。

b. 强调体验，模拟实际办公情形。

c. 小户型强调个性，大户型强调生态。

2）清水房：基本地面与吊顶设计。

时间：开盘前完成。

关键点：

a. 基本的吊顶加地面最能体现单位最原始的空间感觉。

b. 实物和材料的图片展示能让客户对产品卖点的感触更加真实有效。

（9）星级服务体系展示

1）服装

服务人员着装整齐大方，保安人员着深色职业装，所有工作人员配戴统一工牌，体现项目品质。

2）服务

有礼有节，"来有问声去有送声"，在各个细节上采用人工服务提醒，务求让客户处处体验主人的尊贵感。

3）硬件

重要岗位保安及服务员配无线对讲，体现项目档次及安全性。

4）软件

所有销售中心工作人员需培训考核后方可上岗（含保安、保洁人员）。

5）后期服务先期体验

后期服务先期导入，体现物业细致、专业的服务品质。

四、有竞争力的推广计划制定

三四线城市综合体项目推广计划制定包括推广阶段的划分以及对各推广阶段的主题、目的以及如何综合运用各种推广策略以达到推广目的等进行制定。为制定出有竞争力的推广计划，策划人员应针对具体项目的类型特点进行推广阶段划分与各阶段的推广策略制定，下面将对不同类型三四线城市综合体项目推广计划制定的要诀进行说明。

1. 以居住生活为主导的三四线城市综合体项目推广计划制定

针对以居住生活为主导的三四线城市综合体项目，其推广计划制定的要点在于如何通过合理的推广计划安排和各种媒介、活动策略的综合运用以达到让客户从关注到认同本项目的居住理念，再到最后的促进客户购买的目的。如以居住生活为主导的某四线城市综合体项目的推广计划：

（1）营销准备阶段

主题：先声夺人，抢占舆论制高点。

目标：打造 ×× 城教育地产的国际社区形象。

时间：2012 年 5 月 20 日~ 2012 年 6 月 20 日。

要求：

1）建立强有力的执行营销团队；

2）项目 VIS 系统全面展示，户外广告设置，楼书、沙盘模型等宣传及销售资料的设计、制作，以及形象展示系统完成；

3）组织、协调各个媒介关系，发布教育卖点形象和规划发展；

4）开展事件营销，针对"六一"儿童节的时间节点，通过媒介高度曝光、强大阵容亮相全城；

5）调研体量相当、档次相当、价格相当的竞品项目，做好开盘准备；

6）客户储备量比例达到 1 : 5，蓄客 400 ~ 500 组，为项目内部认购奠定完美的基础。

（2）品牌建设阶段

主题：影响目标人群、刺激购买欲望。

目标：储备 1000 组的认购与意向客户。

时间：2012 年 6 月 21 日~ 2012 年 7 月 29 日。

要求：

1）运用各种媒介传播有效信息，达成口碑效应；

2）增强对竞品调研和分析，寻找营销突破口，集中宣传轰炸；

3）找准消费群体的消费习惯，进而增加大量准客户，案场销售形象树立。

（3）品牌形象展示阶段

主题：影响目标人群、刺激购买欲望。

目标：储备 1000 组的认购客户与意向客户。

时间：2012 年 6 月 21 日~ 2012 年 7 月 29 日。

要求：

1）伴随媒介大量投放，趁热打铁，通过生活方式和居住理念的概念灌输和引导，让信息理念再次巩固在消费者心里，同时促进了强烈的购买欲望；

2）通过 ×× 项目的卖点信息吸引大众持续关注和购买，通过一系列的事件营销、体验营销、情景营销和推售特价房源的信息传达，吸纳商家和意向客源。同时，引起强烈的轰动效应，使项目在同行业中起到指引和风向标的作用。

（4）项目热销阶段

主题：销售持续热销，PR/SP 活动促进群体关注。

目标：储备 1000 组的认购客户与意向客户。

时间：2012 年 7 月 30 日～ 2012 年 10 月 30 日。

要求：

1）媒介投放减少，增加渠道人群的购买，举行大量 PR/SP 活动；

2）VIP 业主俱乐部登记预约客户，确保解筹率；老带新客户优惠等政策开始实施；

3）9 月中旬房交会参展，10 月 1 日开盘，引发周边重点城市关注；

4）售楼处、样板示范单位开放，邀请客户参观购买；

5）小规模现场发布会、接受媒体参观，新闻杂志、行业商会、娱乐圈层 PR/SP 活动。

（5）项目尾盘销售阶段

主题：完成一期销售目标，开始二期项目研讨。

目标：确定一期目标完成，对二期做好前期筹备工作。

时间：2012 年 11 月 30 日～ 2013 年 1 月 30 日。

要求：

1）陆续调价、调折，引发紧迫感，形成一期产品到二期产品的上涨态势；

2）做好楼盘一期清盘，由于供不应求形成抢购局面；

3）持续集中的广告发布，形成开盘热销的市场势态，为二期做铺垫；

4）维护客户，服务客户，增强二期购买信心。

2. 以商业为主导的三四线城市综合体项目推广计划制定

针对以商业为主导的三四线城市综合体项目，其推广计划制定的要点在于传播项目的商业价值，尤其对于副中心型的三四线城市综合体项目，为提高客户对项目所在区域的认知度，还应在项目推广前期就如何增强客户对区域未来发展前景的信心做好推广计划安排和策略制定。如某以商业为主导的四线城市综合体项目的推广计划：

（1）潜伏推广期：1 ～ 3 月

1）目标：树立未来城市中心的形象。

2）阶段推广策略：

a. 与政府相关部门及 ×× 日报、晚报社联合成立城市发展专栏。

b. 通过网上各种论坛/百度城市吧渗透区域发展信息。

c. 整合社会资源，邀请各界人士，同报社/规划局联合举办城市发展论坛。

d. 广泛邀请媒体参与，并利用新闻造势。

3）推广目的：

此阶段主要是对 × 景路——× 武路板块未来发展前景做深度宣传，以提高项目所在区域的认同度。主要通过开辟专栏、网络论坛进行渗透。

4）公关对象：

a. ×× 市规划局；

b. ×× 日报报社主编或社长。

5）公关目标：

联合成立 ×× 城市发展专栏，发布城市规划发展信息，介绍城市发展趋势。

6）SP 活动：

为 ×× 城市发展献计献策。

时间：3 月 1 日~ 3 月 31 日。

内容：在我们开辟的专栏里开展为 ×× 城市发展献计献策活动，评选优秀建议人选，并邀请社会、业界/传媒等有影响力的公众人物及媒体单位，与社会各界人士一起探讨 ×× 未来城市发展趋势。

7）新闻造势（主动传播新软文）：

软文主题：

《×× 规划之 × 景路 × 武路新城区历史使命解析》、《从 × 滨到 × 景路大直道，×× 市的动脉之约》。

推广工作要点：

主动传播，所有发布的信息都是我们要让群众接收的信息。

工作方式：潜伏渗透。通过各种途径（网络论坛、贴吧；市内各楼盘的售楼处；报社、会所等），力求与政府、报社以及普通群众打成一片。

注意事项：为了增加发布信息的权威性与前瞻性，此阶段推广应避免出现项目的任何广告。

（2）产品导入期：4 ~ 6 月

1）目标：树立产品形象。

2）阶段推广策略：

a. 通过 ×× 城市发展论坛活动的举行，整合动工仪式首次公开亮相，扩大影响力。

b. 现场户外包装展开。

c. 开始进入蓄客阶段。

3）现场包装策略：

此阶段主要的工地现场整体视觉导视系统建立，包括围墙、精神堡垒、看板、接待中心等。

诉求点为 ×× 街区始动的传播，凸显 ×× 街区项目的先进商业、管理理念以及项目的人文氛围，为整个项目做营销导入。

产品推广总精神：×× 街区，未来城市心脏始动。

主题诉求：22 万 m^2 未来城市中心街区。

4）SP 活动：

a. ×× 市城市发展论坛

主题：重新定义城市格局。

时间：4 月 10 日。

内容：在星级酒店举行，以现代时尚的对话形式，邀请献计献策活动获奖者、城市规划专家和报社资深记者对目前 ×× 市城市发展进行思考，以及探讨当前 ×× 市城市发展的瓶颈。通过这样的公关新闻炒作，使 ×× 街区风景开始更深入被人们了解（同时也在网络上进行）。

b. ×× 街区产品推介会

主题：未来的城市心脏始动。

时间：6 月 1 日。

内容：在星级酒店举行产品推介会，以"×× 街区，重新定义都市生活"为基调，全面介绍项目优势，邀请目标客户以及电视、电台、报纸媒体 / 行业相关领导和政府相关部门出席。

5）新闻造势：

软文主题：

《×× 街区，重新定义 ×× 市城市格局》《×× 街区，引领 ×× 市全新商业、居住价值观》《投资价值，透视东北部发展前景》《商业结构更新，谱写 ×× 市商业传奇》《酒店式服务生活，更新 ×× 市居住形态》。

（3）产品展示期：7 ～ 9 月

1）目标：建立产品核心价值。

2）阶段推广策略：

本阶段是项目营销推广的蓄势期，其营销推广执行将直接影响本案开盘后的销售成果。

由于前两个阶段的推广执行已经将项目的部分诉求点广泛传播，因此本阶段的主要策略是：

a. 7、8 月公开期为产品价值与利益的直接传播；

b. 9 月预定期则是直接以各种优惠购房活动来促进销售。

1）SP 活动

开盘庆典：

主题：拥有 ×× 街区，做 ×× 市的 No.1。

时间：开盘日。

内容：在售楼现场举行。邀请媒介和业主（准业主）参与，扩大影响，提升品牌亲和力。

2）新闻造势

软文主题：

《市中心 22 万 m² 创新街区现身，×× 市 ×× 街区值得期待》《城市风景，来自上海的新商业街区模式登场》《在 100 米高度思考现代城市高尚住宅的居住品质》《人，城市，风景，现代三角关系新解读》。

此蓄势阶段是本项目开盘销售前最重要的时期。对在这 3 个月内所积蓄的客户进行分析归纳，将直接确定开盘后的推盘策略：是先商业后酒店公寓，还是反过来，抑或是一起推。

3. 以商务办公为主导的三四线城市综合体项目推广计划制定

针对以商务办公为主导的三四线城市综合体项目，其推广计划制定的要点在于如何合理安排项目的推广节奏以达到商务办公物业可以得到客户最大程度的认可和价值认同。如以商务办公为主导的某四线城市综合体项目的推广计划：

本项目推广阶段划分（表 2-1）：

本项目推广阶段划分   表 2-1

阶段节点	第一阶段（6月初~6月中）希尔顿入市期	第二阶段（6月中~7月初）转入产品点，囊括世界资源	第三阶段（7月~12月）写字楼宣传期
年度主诉求	世界都市多元体		
阶段诉求内容	希尔顿形象入市	产品价值+形象升级+区域价值	产品价值
阶段推广主题	希尔顿献礼××市	××项目，××市的世界观	全球贵重资产，凝聚商务影响力
阶段划分及基本营销目的	项目导入期： 1）以希尔顿切入，确立市场知名度； 2）项目形象导入，建立项目形象	形象产品诉求期： 1）项目价值+产品价值+区域价值； 2）传达世界都市多元体概念； 3）售楼处炒作项目全面升级	写字楼宣传期： 1）形象； 2）产品诉求
推广主力区域	××区	××区，××市主城区	××区，××市主城区
其他战场区域	××市主城区	向周边城镇扩散，尤其是周边企业及公务人员	继续向周边城市扩散
广告推广思路	1）借助希尔顿品牌，引起市场关注； 2）从城市发展的角度，塑造板块价值； 3）赋予全新形象及理念，赢得客群共鸣	1）通过产品价值结构，确立项目核心价值； 2）通过项目理念和产品价值支撑，传达项目的生活理念	1）通过产品价值的反复论证，确立项目品牌； 2）通过宣传的反复冲击，形成社会符号
广告诉求内容营销动作	1）希尔顿入驻，××市前所未有； 2）××项目，××市的世界观	1）项目形象（项目的规划理念以及所倡导的生活方式）； 2）产品价值整合（顶尖资源/建筑/景观/配套/交通等），把世界献给××市	写字楼价值传递，物业等高端服务体系
	希尔顿签约××项目	1）访谈、公开信； 2）售楼处开放	1）投资推介会； 2）开盘活动名车展； 3）其他营销活动

第一阶段：6月初~6月中

（1）**阶段推广主题：**

希尔顿献礼××市：

以市场上稀有的高端产品希尔顿为引，项目入市。

希尔顿签约××项目：

以希尔顿签约为噱头炒作，强化××项目的顶级资源。

（2）**媒体形式及主题**

报纸：

整版形式。以希尔顿入市。

主题一：希尔顿献礼 ×× 市。

主题二：签约炒作：希尔顿签约 ×× 项目，×× 市与世界同步。

短信：五星级酒店希尔顿入驻 ×× 市，携手 ×× 项目共续传奇。领袖会晤：×××××××（电话）。

户外：×× 市的世界观，×××××××（电话）。

电台：×× 项目，集五星级酒店希尔顿、写字楼戴维斯中心、×× 公馆、×× 大宅及城市别墅为一体的世界都市多元体，献礼 ×× 市，×××××××（电话）。

第二阶段：6 月中 ~ 7 月初

（1）阶段推广主题：

×× 市的世界观：

汇合世界资源，世界都市多元体价值落地。

× 总公开信 +×× 项目售楼处即将开放，恭迎鉴赏。

× 总公开信给予客户信心，售楼处开放活动，正面展示项目形象。

（2）媒体形式及主题

报纸：

建议一：五联版。前四篇采用三分之二软文硬作 + 三分之一竖通报广的形式，最后一篇整版报广。以绝对强势占领市场。

主标：第一太平戴维斯 献礼 ×× 市。

主标：英国维度 献礼 ×× 市。

主标：美国 HBA 献礼 ×× 市。

主标：日本 KKS 献礼 ×× 市。

主标：×× 项目 ×× 市的世界观。

建议二：整版形式。

主题：

×× 市的世界观，执掌城市格局，对位世界的见识。

× 总公开信 +×× 项目售楼处盛大开放暨 ×× 会启动。

短信：×× 项目携手希尔顿酒店、第一太平戴维斯、英国维度、美国 HBA、日本 KKS 等世界顶尖资源，荣耀 ×× 市。

领袖会晤：×××××××（电话）。

户外：×× 市的世界观，×××××××（电话）。

电台：××项目，集五星级酒店希尔顿、写字楼戴维斯中心、××公馆、×大宅及城市别墅为一体的世界都市多元体，礼献××市，×××××××（电话）。

（3）活动营销

×总访谈（6月中下暂定）。

从城市运营者的角度炒作作为一个地产商对城市建设的看法，对××项目的期望和寄予的高度。拔高项目高度，新闻报道及报纸硬广的形式。

第三阶段：7月~10月

（1）推广主题：

阶段推广目标：

××项目形象进一步得到市场的认可和高度价值认同；戴维斯中心占据××市的最高商务形象，市场对戴维斯中心有了充分的价值认知，为项目开盘提供足够的客户积累和储备。

阶段广告策略：

以"全球贵重资产"为核心，借助项目前期建立的形象基础，冲击××市对商务办公投资的固有认知，刺激客户置业冲动。

阶段媒体战术：

线上媒体保持形象，线下渠道进行渗透，软文炒作传递价值。基于投资价值的软文炒作，是媒体策略的关键。

（2）媒体形式及主题

报纸：

整版联版＋跨版形式：树立戴维斯中心形象及价值点分点阐述。

主题一：戴维斯中心形象树立。

主标：戴维斯中心，××市甲级写字楼 全球贵重资产，凝聚商务影响力。

主标：戴维斯中心，××市甲级写字楼 寰球商务，唯远见聚合。

主题二：价值点阐述。

主标：第一太平戴维斯——全球管家的皇家礼遇。

主标：双子地标，见证城市高度。

主标：13米商务大堂，见识世界的高度。

软文炒作投资价值：

短信：××市首席5A甲级写字楼，位尊城市CLD，坐享××市首席高

端资源综合体之便,携手 ×× 项目开创比肩国际的世界商务平台。领袖会晤:
×××××××(电话)。

户外: ×× 市 5A 甲级写字楼: ×××××××(电话)。

电台、电视、杂志、分众传媒等媒体配合。

(3)现场工作组织

操作思路:

通过现场包装,展示项目形象,向到达现场的消费者传达项目理念。

1)内部导示系统到位;

2)现场物料到位;

3)销售物料到位。

(4)物料配合

投资手册、户型手册等物料到位。

(5)活动营销

1)售楼处五星级体验中心开放

活动目标:掀起项目又一高潮,扩大影响,进一步梳理客户和蓄客。

活动时间: 7 月 10 日。

活动地点:销售中心现场。

活动人群:目标客户及媒体。

活动形式: 开放仪式 +×× 会会员招募 + 调酒表演(结合冷餐)。

a. 通过名车展示与体验提升项目的形象;

b. 提供冷餐服务:冷餐 + 红酒品鉴 + 调酒表演;

c. 举行抽奖活动,凡是升级成功的客户即可抽取奖品,奖品可为 ×× 红酒、品酒高脚杯、纪念品;

d. VIP 升级激励措施: 交 3 万元抵 5 万元(届时根据确定开盘时间对激励措施可采取递减的方式)。

2)×× 会会员招募

活动时间: 7 月 10 日(暂定)。

活动地点:销售中心现场。

活动人群: 前期积累客户及新客户。

活动目标:解决目前临时咨询中心蓄客少的瓶颈,通过 ×× 会的启动,迅速积累客户群体,给予 ×× 会会员一定的利益点,以吸引客户群体。同时,通过××会系列活动来组织项目营销。

活动要点：在正式营销中心开放前，加入××会VIP银卡会员，在一期项目开盘当日成功购房可享受额外5000元现金优惠（写字楼/××公馆/××大宅可同时享受此特权）。

3）戴维斯中心全球定制发布会（7月23日暂定）

邀请项目的设计公司、施工公司及后期合作单位（希尔顿酒店集团、第一太平戴维斯管理集团）举行戴维斯中心全球定制发布会。通过参与其中的设计者及管理者来阐释对项目的理解和用心给予市场信心。

4）法国××文化之旅（8月暂定）

活动要点：

a.结合××项目红酒文化的定位，举行声势浩大的"法国×文化之旅"活动，配合全方位的广告宣传，引爆全城，形成轰动效应，塑造大盘气势。

b.通过覆盖面广、时效性及参与性强的"××之旅"活动，在短时间内聚集人气，提高入门访问量，弥补新政影响下市场关注度普遍不高的弊端，结合开盘其他促销活动，提升销售业绩。

c.通过此次活动，在整个××市形成良好的口碑，促进口碑传播，建立开发商品牌，同时利于后期营销。

d.凡是××会会员（主要针对大客户营销），即可参加××文化之旅抽奖活动。

e."××文化之旅"为系列活动，在各期开盘及加推房源时，举行例如"××之旅"等名副其实的世界红酒之旅，以此为项目宣传造势。

5）戴维斯中心投资推介会会员升级活动（8月20日暂定）

邀请知名财经人物郎咸平，及政府人物出席，对现行××市投资环境做演讲，强化戴维斯中心的投资价值，触发客户购买欲望。

对××会会员进行升级——3万元抵5万元，并进行客户价格摸底，彻底锁定购买客户。

6）××项目红酒品酒会暨××项目产品推介会

活动时间：9月3日（暂定）。

活动地点：××大酒店。

活动人群：诚意客户＋商会/协会客户＋企业客户。

活动形式：红酒品鉴＋项目推介。

结合钢琴、小提琴表演，提供××项目专供红酒，供客户品鉴。

酒会中穿插项目推介，发放销售物料与纪念品，务必让到会人群了解项目价值，体验项目的尊贵感。

7）××项目戴维斯中心盛大开盘

活动时间：9月10日（暂定）。

活动地点：项目体验中心。

活动人群：诚意客户＋媒体＋政商界领导。

活动形式：开盘仪式＋购房。

开盘活动核心在于认购，因此开盘仪式突出隆重即可，配合氛围包装及高品质的演奏。

开盘当天成功购房客户优惠：

a.××会会员额外5000元现金优惠；

b.会员升级3万元抵5万元；

c.付款方式优惠，一次性付款额外2个点优惠，按揭1个点优惠。

第四阶段：10月～12月

（1）推广主题

阶段推广目标：

去化戴维斯中心剩余产品，宣传商务楼热销信息；放大投资价值炒作，为同属投资产品的CEO公馆销售造势。

阶段广告策略：

以热销和投资价值炒作为主。结合销售信息，刺激客户投资心理。

阶段媒体战术：

线上媒体热销及投资价值宣传，对CEO公馆进行线下渠道渗透。年底感恩系列。软文炒作传递价值。基于投资价值的软文炒作，成为媒体策略的关键。

（2）活动营销

1）开盘后暖场活动（10月～12月）

开盘后为了进一步促进消化，可根据客户特点及自身资源举办暖场活动，吸引客户到访，以维系客户感情，促进销售。

a.投资理财讲座：

形式：引进理财机构，为客户提供个性化理财服务。或者开展专场理财讲座。

目的：为客户提供更多的附加值，结合项目投资价值，促进客户对项目价值的认同。

内容：银行理财服务，房产投资，快速贷款等，使房产成为流动的资产。

b. ××红酒文化周

形式：对××红酒发展渊源、品牌、红酒有关的艺术作品及相关衍生品进行展示，通过实物及展板方式，配合现场红酒品鉴。

目的：暖场活动，提升项目品质展示。

2）××答谢酒会

活动时间：11月19日（暂定）。

活动地点：××大酒店。

活动形式：客户答谢酒会。

通过答谢酒会进一步维系老客户关系。老客户可带新客户参加；推出老带新激励政策，老客户介绍新客户成交可获赠价值2000元礼品（或可抵一年物业管理费），新客户成交可额外优惠2000元房款。

3）2015年中国城市综合体××奖颁奖

活动时间：11月（暂定）。

活动地点：项目体现场。

活动形式：颁奖典礼。

通过申报中国城市综合体××奖，进一步巩固项目的品牌形象——世界级都市多元体。同时通过××奖建立项目在××市商务市场的地标级领导地位。由此拉动项目投资性产品的进一步消化，同时带旺其他产品的销售。

硬广：热烈庆祝××项目荣获2015年中国城市综合体××奖。

4）××项目圣诞嘉年华活动

活动时间：12月24日（暂定）。

活动地点：××大酒店。

活动要点：

a. 持续对老客户进行维护，并借此活动积累人气。

b. 邀请诚意客户参加，促进成交。

5）××市十大杰出企业/企业家年度人物评选

活动时间：12月30日（暂定）。

活动地点：××大酒店。

活动要点：

a. 举办公益活动，由政府牵头，×× 项目协办，增加本项目的政府曝光率；

b. 建立项目在 ×× 市的领导地位；

c. 激发项目的标杆品牌效应，加快项目去化速度。

4. 特色创新型三四线城市综合体项目推广计划制定

针对特色创新型三四线城市综合体项目，其推广计划制定的要点在于向客户宣传项目有别于其他综合体项目的独特之处，如与养生旅游相结合的综合体项目，在制定推广计划时，重点可以采用多样化的媒介形式和结合项目特色主题的活动策略向客户传播项目的健康养生理念与价值。如某三线城市综合体项目的推广计划（表2-2）：

某三线城市综合体项目的推广计划　　　　表 2-2

	预热 2.10 ~ 2.20	聚焦 2.20 ~ 3.30	引爆 3.30 ~ 4.10	蓄客 4.10 ~ 4.30
线上诉求	吊足胃口释放部分项目信息持续悬念	发布会信息告知及炒作	通过发布会产生的关注热度对项目价值阐述，并释放公寓产品信息	借助之前的价值铺垫，对公寓产品价值进行阐述
线下配合	公寓折页、户型单张，×× 会物料，市内接待点	TVC 楼书	直邮 DM 针对 ×× 会会员及 ×× 地区生意人	公寓折页户型单张
活动安排		人民大会堂产品发布会	项目巡演	×× 会会员健康骑行活动

第一步：价值输出（吊足胃口，持续悬念）

目标：维系客户的关注热度，保持项目吸引力，令项目区域影响力不断升级。

操作手法：通过悬念硬广的形式放出部分实际的项目信息，令客户产生期待。同时在网络上开始炒作。

持续时间：2 月 10 日～ 2 月 20 日。

悬念推广：传播系统，物料系统。

（1）传播系统：

媒体资源：报纸，网络等。

网络炒作方式：

1）在贴吧、论坛和网络上进行话题和新闻性炒作；

2）开通项目微博，令新浪通过产品认证，维护微博关注；

3）微博发布话题，内容与硬广同步；

4）写手或者剑客在微博上评论或者转发；

5）形成一定热度后，在新浪建立一个微群，专门用于讨论××城/中国本土综合体发展模式。

（2）物料系统：

××项目公寓折页、户型单张；××会。

1）××项目公寓折页、户型单张的物料支持，给来访客户派发。

2）关于××会如何成立：

××会招募会员规定只需年满18周岁，无论性别国籍，均可入会。

入会不收取任何费用，条件是必须填写一份精心设计的包括有职业、年薪等情况的个人资料和现居住状况、购房置业理想的问卷。

操作和优惠：

a.来访现场客户登记之后，发送会员卡。

b.××会通过会刊、网页、活动邀请函等多种方式和会员保持联络。

c.××会会员可在购买××集团房产产品时享受一定的折扣。

d.××集团活动优先邀请××会会员。

备注：可尽量为××会会员争取未来商业VIP待遇。

第二步：产品发布会前的高调轰炸

目标：引发媒体关注，制造报道话题，扩大宣传；提高客户心理价位，提升客户心理期待；澄清长期悬念灌输的疑问；引导概念证言，展示项目实力，提高项目形象价值。

操作手法：通过产品发布会的高调对话，邀请全国性媒体报道，网络话题炒作，在全国范围内形成关注。结合本土传播渠道落地到对当地人群的影响。

持续时间：3月15日~3月30日（网络炒作适当延长一周）。

高频密集传播：传播系统，物料系统。

媒体资源：户外、报纸（硬广）、楼书、TCV、网络等。

1）楼书：

目的：

让受众了解并认同 ×× 城的运营模式和价值。

形式：

整本楼书进行高档精装，通过实名赠送，封面标明"××× 先生/女士 敬启"。

针对人群：

a. 卫生部、药监局领导，×× 省、×× 市政府官员；

b. 中医药产业知名企业、领导、商户；

c.×× 商会会员；

d.×× 城新闻发布会之与会嘉宾。

2）TVC

TVC 方案一：

思路：描摹简洁大气的调性和东方文化属性，传达出项目独有的意境。为项目面世的开篇，奠定与众不同的基调。

形式：本 TVC 从生态、文化、多业态联动、养生旅游四个层面展开，以水、墨、围棋、瑜伽四种形态表达主题，最终合为 ×× 城。

TVC 方案二：

思路：通过名人访谈，"中国本土文化下的综合体发展之路，城市综合体与养生旅游结合的契机" 等，对项目的发展和前景进行证言，令客户对项目信心倍增。

形式：从 "城市综合体的中国模式、城市综合体与东方文化的互动发展、城市综合体的多业态互动发展模式、健康生态产业与城市综合体的结合、城市综合体的养生旅游实践" 五个问题，专门采访每个领域相关的权威人士进行解析，最终得出 "×× 城——践行中国特色的城市综合体" 的结论。

3）发布会拟邀媒体（全国）

a. 报刊类：

专业地产类：《×× 地产》（与项目属性息息相关的地产类刊物）。

金融类：《×× 财经周刊》、《×× 经济报道》（受众比较关注的经济类刊物）。

其他：与项目各业态行业相关的刊物（医药、养生、旅游）。

b. 网络：

搜房网、腾讯门户、新浪门户、搜狐门户、凤凰网。

思路：建议以报刊和网络两种全国性媒体，形成泛舆论。报刊选择主要是以在全国性有一定影响力的专业类报刊为主。网站主要与门户网站合作，与搜房专业地产网站为辅。旨在营造综合体发展模式的话题影响，而不仅仅局限于一个楼盘的小众炒作。

4）发布会媒体发布（当地）

报刊类：《××都市报》《××晚报》《××快报》《××日报》。

电视类：××卫视、××电视台、××电视台。

其他：搜房网、新浪微博、猎房网。

思路：媒体的选择原则在于在当地受众具有广泛影响力，对发布会的主要内容进行新闻报道，提升项目在区域内的影响力。

第三步：发布会之后的价值传输

目标：通过发布会产生的高关注度，充分利用，全面解析××城的创新模式、多业态联动等概念和价值，并放出××公寓产品信息，为首期开盘蓄势。

操作手法：硬广＋软文＋网络＋T牌立体传播，五个第一次的概念解读。硬广以两天一篇的速度放出，轰炸受众感官，解答前期的悬念疑问。网络炒作发布会照片引发后续热议。

持续时间：3月30日～4月10日（网络炒作适当延长一周）。

项目价值传输：传播系统，活动策略。

（1）传播系统：

媒体资源：户外、报纸硬广＋软文、网络。

（2）活动策略：

项目下乡巡演活动（4月1日～4月15日）。

活动目的：

1）展现企业实力

在人民大会堂举办产品发布会是企业实力的体现，携产品发布会所产生的热度进行下乡巡演，将项目实力展现无余。

2）提升项目形象

附带有产品发布会照片及报道相关物料，是一场盛大的活动，非常有利于提升品牌及项目的社会公信力。

3）扩大项目影响力

主流媒体争相报道，将实现扩大项目影响力的目标。

4）拓展新客户

通过巡演活动现场登记客户，发送资料，拓展客源。

活动主题：××城下乡巡演活动。

活动内容：在××市各乡镇租用商场或超市，以小展场的形式进行展示，同时配置人员进行讲解，发放项目资料、小礼品，登记客户信息，邀约到访。

第四步：从项目形象落到××公寓的产品价值

目标：利用发布会所形成的热力余波诉求首期产品价值，为首期开盘奠基。

操作手法：××城已成为话题，将公寓的名称延续而下，命名为××公寓，以硬广＋软文＋T牌交错输出。

持续时间：4月10日至开盘前。

产品价值落地推广：传播系统，活动策略。

（1）传播系统：

媒体资源：户外、报纸——硬广＋软文。

（2）活动策略：

××会健康骑行活动（4月20日）。

活动目的：

1）维系客户关系

通过××会健康骑行活动，加强客户与项目之间的联动，维系客户关系。

2）形象与价值传输

健康骑行是低碳、绿色、生态的，与项目的生态文化不谋而合，借势推广产品价值所在。

3）扩大项目影响力

通过××会的圈层传播、媒体的线上推广，将项目的影响力升级。

活动主题：××会健康骑行活动。

活动内容：

1）提前邀请××会会员，并对参与人员登记。

2）以自行车骑行为主要活动方式，××城每个业态的代表色做自行车轮圈色，每种各30辆，共150人。由××项目地出发，沿规定道路骑行至××国际酒店，举行宣传活动后返回。

3）工作人员提前在××国际酒店发送项目资料，并设立接待处，既接待访客，也为××会骑行客户准备休息区。

4）发送资料之外，××会成员合影留念。

第2节　三四线城市综合体项目招商销售执行策划的要诀

一、专业的招商策划

三四线城市综合体项目招商策划的主要内容包括明确项目的招商对象、制定招商工作流程与招商策略等。

1.招商对象确定

在确定项目招商对象时，应根据三四线城市当地的消费能力及需求特点来分别确定各业态业种的首位招商对象及重要招商对象等，并分别对各招商对象的特点以及对本项目的作用影响进行分析阐述。如某四线城市综合体项目的招商对象确定：

（1）大卖场部分

1）首位招商对象

主力大卖场意向洽谈对象：大润发、欧尚。

a. 大润发

大润发目前在大陆有超过150家的分店，在外资连锁零售行业中首屈一指。

作用：凭借大润发品牌、亲民的零售价格，将会吸引周边住宅及新城区与中心城区交汇处大约20万的人流前来消费，吸纳人气，增创收益，促进新城区商圈的形成。

营业面积：层数最多二层，面积以2万~2.2万 m^2 为宜。

备注：新城区周边数十楼盘扎堆，××学院来添彩，主干道×湖二路、四路，×山大道、衡×大道横贯南北，直达中心城区；道路通达，吸引市域及周边人群体验购物的乐趣。

b. 欧尚

欧尚作为全球排行前十的零售巨头，国内拥有40多家分店。

作用：凭借欧尚品牌、较低零售价格，将会吸引周边住宅及新城区与中心城区交汇处大约20万的人流前来消费，加快业态本土化，促进新城区商圈的形成。

营业面积：单层面积达到 12000 ～ 15000m²；层高 6.5m。

备注：新城区周边数十楼盘扎堆及欧尚物美价廉的一贯亲民路线，聚集人气，一些时尚的品牌吸进 ×× 学院的大学生消费，引领潮流。

2）重要招商对象

主力大卖场意向洽谈对象：TESCO 乐购、沃尔玛。

a. 乐购

始创于 1919 年的 TESCO 是英国最大的零售商，全球有 2800 多家分店，每周平均能吸引超过 3000 万客户光顾消费，国内有 51 家，品牌影响力强劲。

作用：TESCO 中文意思是"特易购"，轻松购物，多受青年人的欢迎，TESCO 引进能吸引周边生活居民来体验购物，同时；带动其他零售的消费，泛 CBD 已成雏形。

营业面积：18000m² 以上，租赁 20 年左右（视情况而定）。

备注：乐购最近几年在国内发展强劲，市民认知度较高，而国内零售业竞争越发激烈，乐购一直积极拓展国内份额，现引进乐购，信心十足。

b. 沃尔玛

作用：沃尔玛零售商品齐全，被称为"家庭一次购物"，价格比一般超市低廉，项目引进沃尔玛，聚集人气，增加人群购物时间，带动特色餐饮，或者台湾风情街消费。

营业面积：为三层单体建筑为宜，每层在 5000 ～ 8000m² 左右。

备注：沃尔玛的物流世界一流，使得其低成本战略攻无不克，×× 东郊片区多为郊区、西湖片区教职工基地必将受到低廉物品的诱惑，扩大整个项目的辐射范围。

（2）百货部分

1）首位招商对象

百货意向洽谈对象：久光百货、百盛。

a. 久光百货

久光百货集零售、餐饮、超市、休闲于一体的城市型 shopping mall，其按两位数增长的销售额受到了业界的广泛认可与关注。正以其璀璨的时尚魅力，引领着购物新概念。

作用：新城区作为未来的 ×× 市行政中心，拥有多家上市矿企，久光必将吸引这些长期缺乏高端消费的人群前来购物，提升项目物业，引领消费潮流。

营业面积：20000m² 以上（门前广场 2000m² 以上）。

备注：久光能带来国内外 500 家左右知名品牌入驻，提升 ×× 市消费档次，彰显城市繁华与实力。

b. 百盛

作用：标志着时尚与品位的百盛品牌，价值含量高将吸引更多的中青年人群消费；提升 ×× 市消费及物业档次。

营业面积：20000 ~ 60000m²。

备注：百盛以周边居民消费适应度作为选址的第一要素，而 ×× 市消费能力强烈，目前商业零散，很难找到大型中高档商业富集区，百盛的引进符合市场需求。

久光百货、百盛目前在国内拥有较高的认知度，麦当劳声称中国区开店，首选百盛，为其镀上亮金。

2）着重招商对象

百货意向洽谈对象：太平洋百货。

定位：中高档。

营业面积：30000m² 多元化大型购物场所。

在高租金、高人力成本以及网购冲击的今天，传统零售业者正面临转型，太平洋百货以其前瞻的眼光，引进一批如优衣库这种低毛利，高人气的业态，抓紧机遇转型，太平洋百货的发展战略与本项目的发展思路相契合。

（3）数码、电器部分

首位招商对象。数码城意向洽谈对象：国美、苏宁、五星电器。

1）国美、苏宁

作用：借由国美、苏宁连锁品牌效应，将会吸引周边住宅及新城区与中心城区交汇处大约 20 万的人流前来消费，吸纳人气，增创收益，促进新城区商圈的形成。

营业面积：3000m² 以上；不超过四层。

备注：连锁电器主力店采用纯租赁或按销售额折点形式，物业现金回流压力前置，但品牌辐射能力强，应权衡适当比例。

2）五星电器

作用：借由五星电器的口碑，将会吸引周边住宅及新城区与中心城区交汇处大约 20 万的人流前来消费，新城区商圈的形成势不可挡。

营业面积：地级市面积大于 3000m²。

备注：连锁电器主力店采用纯租赁或按销售额折点形式，物业现金回流压力前置，但品牌辐射能力强，应权衡适当比例。

（4）家居卖场部分

首位招商对象。家居广场意向洽谈对象：红星美凯龙、宜家家居。

1）红星美凯龙

红星美凯龙创于 1986 年，经过 25 年的奋斗，已与宜家、麦德龙、百乐居等国际巨头结成联盟，目前国内有 72 家大卖场，2010 年营业总额达到 350 亿元。

营业面积：所处商业项目在 20000 ~ 3333.33m² 亩，营业面积在 5 万 ~ 10 万 m² 左右，单层不小于 1 万 m²。

目的：地块周边住宅楼盘林立，红星美凯龙的引进将迅速占领家居市场，吸引周边及市区居民前来消费，同时带动其他业态消费。

备注：××市规划倾向新城区，市政设施大量投入，已经具备了一定商业气氛，周边的中高档小区林立，如恒大绿洲等，为本项目大型商圈的形成提供充足消费力。

2）宜家家居

地块要求：首选大型商业综合体，交通便利，人口集中的中高档住宅富集区。

营业面积：50000m² 以上。

备注：经过初步调查，宜家在大多数人心目中定位是中产消费，认为其价格中等或者有点贵，但在大多数人可以接受的范围，适合本项目的消费定位。

（5）奥特莱斯部分

首位招商对象。名品店意向洽谈对象：奥特莱斯 OUT LETS。

名品店"奥特莱斯"，在中国成为新的一种商业模式，经营国际一二线品牌，货物从厂家直接到消费者，省去了中间经销商，因此大多数能保持常年二、三折销售，也被称为"品牌直销购物中心"。

引进"奥特莱斯"，将吸引××市乃至周边城市大量消费力的进入，带动项目其他业态的繁荣发展。

（6）五星级酒店部分

首位招商对象。五星级酒店意向洽谈对象：五星级酒店——神旺大酒店、裕元花园酒店。

1）神旺大酒店

作用：引入五星级酒店，填补项目所处区域五星级酒店的稀缺，最大程度满足市场消费需求；有利于提升项目品质和××市城市形象。

陈列着许多当代艺术真品是神旺大酒店一大特色，将青铜制品摆放其中，可以很好地展示××市的青铜文化。

备注：先进酒店管理模式的引进，其充当了项目的形象贡献型产品，一定程度上提升整个项目物业档次，也为住宅产品加分。

2）裕元花园酒店

特色：台湾裕元花园酒店中西式自助餐深受时尚、懂得生活一族的青睐。

备注：作为项目的形象贡献型产品，为整个项目其他部分的销售加了分，提升××市人的消费档次。

（7）台湾风情街部分

首位招商对象。台湾风情街意向洽谈对象：台湾精品城、台湾士林夜市。

1）台湾精品城

台湾精品城主要业态：台湾特色零售品、台湾特色精品店、咖啡简餐、商务配套。

2）台湾士林夜市

正宗的美食让人们享受美食的同时，能够延长项目营业时间，使项目商业白天、夜晚都各有特色，24小时商业繁华不落幕。

（8）文娱城部分

首位招商对象。文娱城意向洽谈对象：金逸国际电影城、诚品书店、钱柜、麦乐迪。

1）金逸国际电影城

一直致力于发展现代化豪华多厅影城；落户本项目，必将成为市民享受现代都市消费的最佳选择。

2）诚品书店

如果说台湾的地理地标是101高楼，那么文化地标当之无愧的是诚品书店。它以独特的经营方式、独特的书店文化，带给社会大众一种精致高贵的选择，带给城市一种体面和尊严。

3）KTV 歌城——钱柜、麦乐迪

a. 钱柜

作用：引进钱柜，丰富 ×× 市的夜间生活，聚集人气，完成整个项目的业态互补。

特色：歌曲更新快，音响可以综合部分音质不是很好的人群，设备齐全，尤其适合商务人士、上班族与家庭客层。

备注：台湾钱柜近几年在中国的发展非常迅速，在北京、上海、广州等地越来越受消费者欢迎，国内品牌认知度比较高。

b. 麦乐迪

作用：麦乐迪的平价路线，深受青年人的欢迎，在晚上品尝了台湾美食以后，可以继续释放欢乐的心情，丰富 ×× 市的夜间生活，业态互补。

特色：优美的旋律成就其成长为独具特色的主题概念式 KTV。

备注：连锁化、规模化的现代大型娱乐企业，2004 年麦乐迪被文化部授予"文化产业基地"的称号。

（9）儿童城部分

首位招商对象。儿童城意向洽谈对象：TOM 熊欢乐世界。

TOM 熊世界致力于商业与文化、商业与娱乐的相互组合；目前在国内取得巨大成功，能满足 0 ~ 18 岁婴幼、儿童、青少年"衣、食、住、行、乐、教"六大生活需要，名副其实的儿童城。

TOM 熊欢乐世界的引进，为 ×× 市打造首座儿童主题欢乐城，倡导"责任先导，寓教于乐"的经营理念，辐射周边社区及市区，带活整个项目。

2. 招商工作流程制定

三四线城市综合体项目招商工作流程制定是指为保证在各时间点达到一定的招商比例，而进行的对各阶段的招商工作要点进行合理安排。为了更直观表述各阶段的招商工作重点，策划人员可以通过采用坐标图的形式对各重要时间点需要达到的招商比例及招商工作内容进行说明。如某四线城市综合体项目的招商工作流程：

本项目的招商工作流程如图 2-5 所示：

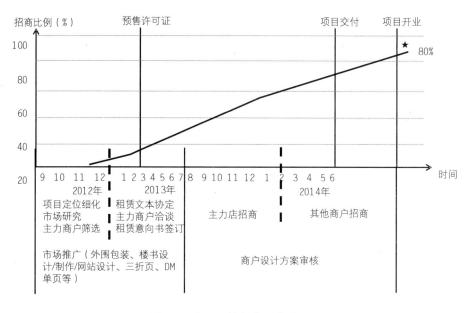

图 2-5　本项目的招商工作流程图

3. 招商策略制定

针对三四线城市综合体项目，其有效的招商策略主要包括异地招商、放水养鱼等。在制定招商策略时，策划人员需要对各种策略所采取的具体措施进行建议。某三线城市综合体项目的招商策略（表 2-3）：

建议项目开工之前进行招商摸底，特殊物业最好可以订单式开发。

某三线城市综合体项目的招商策略　　　　　　　　　　表 2-3

招商建议	具体措施
有序招商	在商业规划图、招商手册、租金策略、目标商户表准备完善的情况下，通过对主力商户、次主力商户、一般商户的顺序循序渐进招商
专业操作	应组建自己的招商团队，要求有相关商业经验和很强的沟通能力和抗压能力，方可与商户有效对接，达到事半功倍的效果
放水养鱼、招进为主	因项目所处地段商业氛围不成熟，因此本项目招商不可一味强求租金，只要商户符合业态定位，既可招进。而不符合，则坚决不允许进场
异地招商	本项目争取引入××市目前暂无的商户，因此招商的重点区域应放在上海、杭州、苏州等周边城市，争取引入新的商户
配合必要的推广活动	可通过会议、展会、发布会、媒体等多种形式，为项目招商宣传、造势，尽力缩短招商周期，提高开业时的出租率

二、有效的销售执行策划

三四线城市综合体项目销售执行策划的主要内容包括销售总体策略、价格策略、推售策略、付款方式以及销售阶段划分与工作安排等的制定。

1. 销售总体策略制定

三四线城市综合体项目销售总体策略制定的要点包括确定项目的销售模式、销售的入市时机等。在确定项目的销售模式时，策划人员需要对不同产品类型所采用的不同销售模式分别进行说明。在确定项目销售的入市时机时，需要先综合考虑项目工程施工、宣传推广等的进度和明确项目销售所需具备的前提条件后，再选择项目销售的入市时机。如某四线城市综合体项目的销售总体策略：

本项目作为综合体项目，建设周期长，中央与地方的博弈充满变数，因此本项目应及早入市，采取以快打慢的策略，迅速出货，以尽快实现资金回笼、降低投资风险。充分地运用"一个（HOPSCA+CCP）主题"突破市场，世界零售巨头进驻撬动市场（推广时拔高市场形象），"三大核心卖点（沃尔玛进驻、南市区商圈、未来 CBD 商业核心物业）"攻占市场，"创新付款方式（多种类、返租折抵首付）"最大限度降低置业门槛收获市场。以此为主线在营销节点中安排一系列有力度的活动和现场销售人员的有效管理，在人气和成交率上取得快速、高效的业绩。

调控大势下，降低置业门槛，减少首付是销售不二的选择。

（1）商业常见的几种方式

商业常见的几种方式见表 2-4。

商业常见的几种方式　　　　　　　　　　　　表 2-4

销售方式	与本项目结合优劣势分析
直接销售	优势：减少开发商的财务问题；销售方式简单、直观，客户容易理解
	劣势：失去对商业的控制，容易使整个项目的商业经营陷入困境，影响项目整体形象和价值的提升，以及后面商业的销售；内街及二楼以上的商铺难以销售；增加客户对价格的敏感度
返租销售	优势：适用所有商铺；吸引投资客户，可以增加客户的信心；可以在前期确保开发商对商业的控制，在很大程度上保障项目的商业运营成功
	劣势：增加财务手续，同时也增加了财务风险；在招商上，要加大力度

续表

销售方式	与本项目结合优劣势分析
返租回购	优势：可以完全增加投资客户的信心，属于完全的融资行为
	劣势：财务风险非常高，经营后比较被动
产权销售	优势：如有大型品牌商家保障，容易吸引投资者
	劣势：没有实际铺位，难于说服投资者；有较高发生纠纷的风险
带租约销售	优势：如有品牌保障，让投资者省心
	劣势：没有实际铺位，难于说服投资者
整体销售	优势：有利于商业的可持续经营
	劣势：谈判过程长，实现难度大，价格低

（2）销售模式细化

为促进项目销售进度，采取"直接销售、带租约销售、产权式销售、以租代售"等4种销售方式组合，满足多种投资者需求，灵活操作，扩大客源，进而实现项目逐一消化。

（3）项目货包分析

1）货包1：销售方式——直接销售

沃尔玛街铺价值较高，不存在返租的问题，写字楼产品面积较大且主要为主力商家，不利于议价。这样安排目的在于保障资金的收回并能顾及写字楼的销售，利用两边的价格对比，为后续单位拓开价格空间，吸引市场关注。

货包范围：

a. 住房：4、5幢住房面积约：$21592.32m^2$（192套）

C1户型：单套面积：$107.41m^2$（共96套）

C2户型：单套面积：$120.52m^2$（共96套）

销售均价按3900元/m^2计算

销售率65%计算，销售面积约：$14035m^2$

销售额约：5470万元

b. 4～5幢底商：可售面积约：$1750m^2$

销售均价按18000元/m^2计算

销售率60%计算，销售面积约：$1050m^2$

销售额约：1890万元

c. 写字楼一二层商铺可售面积约：$4000m^2$（共13间）

销售均价按 18000 元 /m² 计算

销售率按 65% 计算，销售面积约：2600m²

销售额约：4680 万元

d. 沃尔玛及周边商铺，可售面积约：2034m²

销售均价按 32000 元 /m² 计算

销售率按 85% 计算，销售面积约：1730m²

销售额约：5536 万元

第一个销售货包：合计销售额约：17576 万元

2）货包 2：销售方式——返租销售

建议项目采取 3 ～ 5 年返租，年返租率税前 8%，五年内投资者税前可收回 24% ～ 40% 的投资成本。商业采取 8% 的回报率，首先表明的是对未来经营前景的看好，8% 的回报率在 ×× 市市场也相对合理（表 2-5、表 2-6）。

操作方式：拉高未来价值，降低现有的置业门槛。

账面定价 = 实收均价 76%。

购房时开发商一次性按照 8% 的年租金回报率支付三年租金，客户购买商业物业后由开发商统一招商经营，三年后可收回经营权自用。

货包范围：

第二个销售货包：（时间约：2013 年 4 ～ 5 月）

a. 6 幢一二层商铺可售面积约：3100m²

销售均价按 18000 元 /m² 计算

销售率按 65% 计算，销售面积约：2015m²

销售额约：3627 万元

b. 7 ～ 10 幢一二层商铺可售面积约：6070m²

销售均价按 20000 元 /m² 计算

销售率按 65% 计算，销售面积约：3945m²

销售额约：7890 万元

c. 11 幢一二层商铺可售面积约：3312.37m²

销售均价按 18000 元 /m² 计算

销售率按 65% 计算，销售面积约：2153m²

销售额约：3875 万元

第二个销售货包：合计销售额约：15392 万元

带租约返租补贴测算表 表 2-5

楼层	可售面积（m²）	回报率	均价（元）	销售总价（万元）	年回报额（万元）
G 负 1F		8%			
6 栋 1～2F	3260	8%	20000	6520	522
7 栋 1～2F	1575	8%	20000	3150	252
8 栋 1～2F	1575	8%	20000	3150	252
9 栋 1～2F	1575	8%	20000	3150	252
10 栋 1～2F	1575	8%	20000	3150	252
11 栋 1～2F	2800	8%	20000	5600	448
A-4-5 栋 1～2	2682.92	8%	20000	5366	430
W 负 1F	2034	8%	30000	6102	488
合计	17076.92	8%		36188	2896

整体返租经营收益测算表 表 2-6

楼层	面积（m²）	月租金（元/m²）	月租金收入（万元）	年租金收入（万元）
G 负 1F		50		
6 栋 1～2F	3260	80	26	312
7 栋 1～2F	1575	80	12.6	151.2
8 栋 1～2F	1575	80	12.6	151.2
9 栋 1～2F	1575	80	12.6	151.2
10 栋 1～2F	1575	80	12.6	151.2
11 栋 1～2F	2800	80	22.4	268.8
4-5-1～2F	2682.92	80	21.46	257.56
W 负 1F	2034	120	24.4	292.9
合计	17076.92		144.66	1736.06

注：

a. 返租经营收益—返租补贴额 =1736.06-2896= -1159.94 万元 / 年，返租 5 年为 -5799.7 万元。

b. 上述测算未计入现金流产生的效益。

c. 上述测算未考虑租金上涨因素。

d. 上述测算未将物业增值部分计入在内。

3）货包 3：销售方式——以租代售

a. 主要针对二楼以上难以销售的商铺，三年内以租金的方式付完全部房款第一年付 30%、第二年付 30%、第三年付 40%，房款付完，正式签订销售合同，如果客户没有付清房款就要终止合同，客户已交款项不退，并且要承担毁约责任。

b. 开发商直接持有，待后期物业成熟后再行出售。

c. 写字楼及其他物业当前暂不涉及，待后期视工程进度及营销节点另行专项提报。

（4）入市时机

"良好的开始是成功的一半"，入市时机方式把握得好，才能产生好的销售开局。入市时机的选择要综合考虑以下几方面因素：

1）商业项目正式销售必须符合"看得见摸得着"的要求，前期造势时工程必须确定工程进度，工地现场施工进行，工地包装完成，围挡上架（最基本要求）。

2）项目可售时间：通常选择在正式预售前2～3个月入市宣传、推售房源，一方面为项目提前造势、另一方面可为正式销售积累有效客户。

3）无造势不入市："无造势即无市场"。入市前的宣传造势与形象展示对前期的销售及客户心理具有较大影响，因此在项目入市前必须要有足够的宣传造势，能够初步建立品牌形象并吸引客户关注，为正式销售作市场铺垫。

4）有目的地入市：根据开发商的资金运作需要，合理安排营销成本投入和销售回款的进度，提高开发商的资金利用效率。

5）有控制地入市：根据工程进度、价格策略、销售导向等分期分批有节奏地向市场推出产品，避免一拥而上，实现均衡、有序的销售目标。

本项目作为复合型商业项目，市场的运作一般是"招商先行"，是指项目在成功招商20%～30%的情况下，开始销售，以核心租户（主力店、一级品牌）的入驻来带动销售。本项目的销售操作思路亦是如此，通过核心租户在一层和负一层不同区域的安置，将相对位置较差的单位通过品牌商家的入驻变成相对较佳的位置，从而带动销售以及顺利完成最终价格的测试。

解筹前提条件：

1）完成必要的销售文件（销售百问、销售面积、房号表、认购登记卡、付款方式、客户登记表等）。

2）完成其他必要的宣传资料（楼书、海报、围挡）。

3）宣传铺垫（户外广告、电视字幕广告、短信）。

4）围挡包装（以广告喷绘包装）。

正式开盘销售前提条件：

1）取得《预售许可证》。

2）现场包装：现场气氛营造完成（导示系统、道旗、背景音乐安装完毕等）。

3）资料

a. 配套设施、交楼标准提前落实；

b. 按揭银行提前落实；

c. 商管公司提前落实；

d. 价格表及付款方式；

e. 完成必要的销售文件（认购合同、定金通知书、购楼须知、按揭须知、预售合同）。

4）销售人员

开盘前培训，对前期重点客户进行回访，知会开盘及优惠信息。

5）宣传准备

a. 报纸广告准备完毕并提前预订版面；

b. 开盘活动安排（时间、地点、邀请领导、新闻媒体、新闻通稿、活动事宜等）；

c. 礼仪及礼品准备。

当前亟待解决的事项：

1）返租比例及租金收益和返租年限正式认筹前必须确定。

2）面积划分图纸最终确定，各项数据指标认筹前必须确定。

3）项目销售面积的核算确定。

4）施工进度表必须明确。

2. 销售价格策略制定

针对三四线城市综合体项目，可以采用常见的销售价格策略有低开高走策略、一房一价、一铺一价策略、组团与分散客户定价相结合策略、低价辅助策略等。在制定项目销售价格策略时，策划人员可以就如何有效实施该价格策略的具体方法步骤进行详细的说明。如某三线城市综合体项目的销售价格策略：

（1）采取低开高走的价格策略

以几套相对偏低单价或总价的住宅价格作为市场价格切入，采用低幅多频方式提价，逐步推出略高于市场价格的主力价位，营造不断升值趋势。

第一阶段：通过高端形象推广，积累客户意向，带动市场，聚集人气；

第二阶段：物超所值的高性价比入市，以教育地产的明显优势，创造"老百姓住得起的好房子"的市场印象；

第三阶段：低幅多频调价，价格逐渐涨幅，产生"升值"的市场印象，同时铸造平稳、幅度较大的价格走势。

（2）低价辅助策略：低单价、低总价体现

正式销售时，挑选几套位置、景观一般的房型及面积较小的房型。以较低单价或较低总价首先推出，消除客户对本项目高端形象所带来心理价位的抗性（"高贵不贵的好房子"）。

3. 推售策略制定

三四线城市综合体项目推售策略制定是指对如何实现项目的利润最大化而进行的各类型产品推出的先后顺序、推售数量、次数等策略的制定。如某三线城市综合体项目推售策略的制定：

（1）高举高打，树标杆拉价格

"高举高打"——以标杆效应拉动价格（图2-6）。

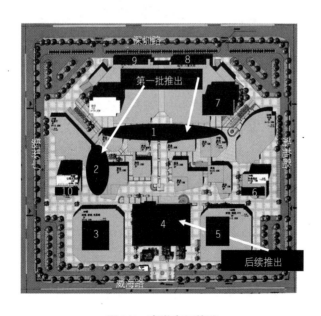

图2-6 高举高打策略

1）发展进度上重点打造项目地标形象，先推邻近商场、酒店等大型物业与主要通道的铺位（图2-6区域1、2），实现价格标杆；

2）其余位置商铺稍后推出，有力运用高价单位的价格示范效应，实现销售；

3）图2-6区域3～10资源目前看相对面积较小，对产品本身及后期发展利好，可以待机而动，最后推出，获取较好回报；

4）写字楼、酒店式公寓制定销售节点，适时推出。

（2）多次少量，集中销售

"多次少量"——进可攻，退可守推售方式（图2-7）。

1）在首批房源推出后，采用多次少量的策略，逐步推出内铺；

2）每次推出量根据客户积累，适量推出，每次均造成抢购局面，市场对项目的绝对信心；

3）销售均价以首次定出的高价为依据，可根据销售情况即时调整，且理由充分；

4）写字楼、酒店式公寓制定销售节点，适时推出。

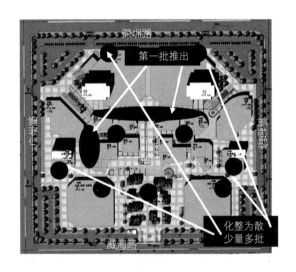

图2-7　多次少量策略

4. 付款方式制定

三四线城市综合体项目常用的付款方式有一次性付款、银行按揭、分期付款等，为了促进项目的销售和保障资金的回收，还可以采用如建筑期按揭等其他适合具体项目发展的付款方式。如某四线城市综合体项目的付款方式：

考虑到经营者对资金流通的需要，通常不情愿将大笔资金一次性投资在固定资产上，而希望拥有较高的流动资金。同时，鉴于商铺的成交金额较高，在付款方式上，除了实行常规的一次性付款及银行按揭外，采用建筑期按揭，最大限度的回收建设资金，同时促进项目的销售（表2-7）。

项目可采取付款方式：

一次性付款：一次性交付全部购房款，在开盘初期前可获得9.7折优惠。

银行按揭：办理银行五成十年按揭。

建筑期按揭：首付10%，可采用按揭首付开发商垫付或担保，在项目交房时，客户付清首付余款。

建议付款方式：

项目可采取的付款方式 表 2-7

付款方式	一次性付款	银行按揭	建筑期按揭	分期付款
优惠折扣	96 折	99 折	——	99 折
定金	2 万元			
签署订购书 7 天内（扣除定金）	价款的100%，并签署买卖合同	价款的30%或50%，签署买卖合同及办理银行按揭手续	价款的10%，签署买卖合同，办理银行按揭手续	价款的40%，签署买卖合同
一个月内付	——	——	——	——
两个月内付	——	——	——	——
六个月内付	——	——	——	40%
接到收铺通知书七日内付清	——	——	40%	20%

5. 销售阶段划分与工作内容制定

三四线城市综合体项目销售阶段一般可划分为认筹期、解筹强销期、持续销售期、尾盘清理期等。在制定各销售阶段的工作内容时，需要对各阶段的销售目标、销售策略等做具体的说明。如某四线城市综合体项目的销售阶段划分与各阶段工作内容：

在整个销售过程中，将销售分为四个阶段（图2-8、图2-9）：

开盘节点安排：

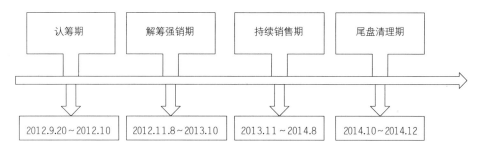

图 2-8　销售分为四个阶段

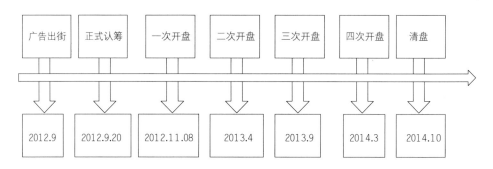

图 2-9　开盘节点安排

（1）认筹期（2012 年 9 月 20 日～ 2012 年 10 月 20 日）

1）完成销售前期的所有准备工作；向公众阐述"HOPSCA+CCP 商业地产"的独特概念以及"财富商铺，稳定回报"的投资理念；

2）树立本项目作为 ×× 市中心区的现代复合商业的形象定位；

3）利用秋交会、展示宣传造势、吸引目标客户群关注；

4）通过商铺排号认筹进行市场初探，视市场反映情况；

5）考核客户对项目的初步认知；

6）价格初探，作为最终价格调整的依据。

（2）解筹强销期（2012 年 11 月 08 日～ 2013 年 10 月）

1）继续强化本项目的财富商业地产的投资理念，系统展示本项目的素质特点；

2）强调本项目系列优势资源和巨大升值空间，为投资者做出理性诉求；

3）完成了市场、价格初探后，梳理客户，进行微调，进一步调整定位；

4）借助开盘将迎来销售的首个开门红销售高潮。用 1 年时间力争完成项目销售的60%；

5）招商启动，发布招商主力商家进驻信息，将销售宣传深化，促进销售。

（3）持续销售期（2013年11月～2014年8月）

1）做好工程形象和管理服务形象的展示，将销售推向第二次高潮；

2）举办针对目标客户的系列培训讲座及推荐，做好商业经营的招商工作；

3）按照既定的推货节奏，进一步提升销售均价，向其他片区辐射开发目标客户；

4）召开招商大会，借招商成功进行深化营销；

这一阶段开始由于上阶段的热销会出现阶段性的平稳期，但由于前面老客户的口碑以及各项形象进度的完善，将迎来本项目的第二个销售高峰期。力争完成项目销售的30%，累计完成80%。

（4）尾盘清理期（2014年9月～2014年12月）

1）以客户服务和招商活动促销为主，把"复合型商业地产价值"、"HOPSCA+CCP"的概念以及"商业地产投资是财富的摇篮"的理念确实在各种服务和活动中得到进一步演绎和体现。

2）此阶段营销工作比较重要的是妥善处理好尾盘价格策略，利用现楼形象，加速客户成交。这一阶段力争完成20%的销售。

第 3 章

三四线城市综合体项目后期稳定
经营管理的实操要诀

与其他住宅项目不同的是，三四线城市综合体项目成功的关键除了保证前期的准确定位规划和成功的招商销售之外，还需要保持后期稳定的经营管理。由于不同类型城市综合体项目的物业组合类型不同，各种物业类型的经营管理特征也不尽相同，其主要包括商业、酒店、写字楼的经营管理以及公寓住宅的物业管理等。

第1节　三四线城市综合体项目经营管理策划的要诀

三四线城市综合体项目经营管理策划主要是指对项目的经营管理模式和经营管理内容进行制定。下面将重点对商业、酒店的经营管理策划要诀分别进行详细地说明。

一、商业物业经营管理策划

1.商业物业经营管理模式确定

三四线城市综合体项目商业物业常见的经营管理模式主要有开发商自行经营管理、委托经营管理、聘请经营管理顾问等。在确定项目的经营管理模式时，可以通过对比各种经营管理模式的优劣势以及判断本项目的适用情况后确定最有利的经营管理模式。如某四线城市综合体项目商业物业的经营管理模式确定：

经营管理模式（表 3-1）：

经营管理模式 表 3-1

经营管理模式	特点	利	弊	适用情况	建议
自行经营管理	开发商自行组织班子管理商场	有完全自主的经营管理权；最大的财务收益	无联营体系，连锁式销售体系；最大亏损风险，但不必支付酬金费用	开发商有丰富的商场管理经验，商场有特色，有大批常客	本案不建议
委托经营管理	开发商委托商业经营管理公司管理	可对商场经营管理进行监督；可利用经营管理者良好声誉、丰富的管理经验，吸引客源	失去经营管理权；支付高额管理费用；不易解雇合约；不利于人才本土化	开发商没有经营管理能力	本案不建议
经营管理顾问	开发商学习商场经营管理经验	缺乏商场管理经验的开发商可学习管理经验；有一定的经营管理权；有利于人才本土化	需支付顾问佣金	开发商缺乏经营管理能力，但希望日后可自行管理	建议选择

鉴于开发商已有住宅物业管理经验，但缺乏商业经营管理经验；从开发商最终主导本项目经营管理的角度考虑，建议选择经营管理顾问的模式。

2. 商业物业经营管理内容确定

三四线城市综合体项目商业物业经营管理内容确定是指在明确项目商业物业经营管理模式之后，确定商业物业经营管理的主要内容。如某四线城市综合体项目商业物业经营管理内容的确定：

本项目经营管理内容：

（1）承租商的优化管理：根据不同的业态和商品种类，制定相应的承租户政策，提高承租户质量，设定招商对象最高目标和最低目标。

（2）招商及业态管理：根据不同区域业态的实际运营效果，让销售最好的商品业态得到最佳位置。根据业态调整要求，确定招商计划，不断让优秀的供应商进场，淘汰经营不善的供应商。

（3）整体形象策划推广与促销推广活动：重点是吸引更多的购物者光顾，通过选择适当的营销方法吸引购物者光顾。

（4）服务管理：设立管理专家组成的管理机构，对商业物业的一切行政事务进行统一管理，为商业人士提供方便的商业服务。

（5）日常的物业管理：24 小时保安、公共部位保洁、公共部位绿化养护、公共设施维修保养。

二、酒店物业经营管理策划

1. 酒店物业经营管理的常见模式

三四线城市综合体项目酒店物业经营管理的常见模式有委托全权管理、加盟特许经营、自营、联合经营等，其中以委托全权管理和加盟特许经营两种模式为主。

（1）委托管理的服务模式及收取费用

1）委托管理服务模式

a. 由业主方委托酒店管理公司全权经营管理，开业筹备，人员由酒店管理公司配备、培训、管理，并包括品牌使用；

b. 由业主方委托酒店管理公司全权经营管理，开业筹备，人员由酒店管理公司配备、培训、管理，但不包括使用管理公司品牌，委托方应通过寻求连锁加盟的方式提供管理品牌。

2）收取费用

模式一收取费用：

各酒店向管理公司支付的管理费具体数额各不相同，一般分为直接收入和间接收入：

a. 前期申请费用；

b. 基本管理费（直接收入）占营业总收入的 2% ～ 3%；

奖励管理费（直接收入）占营业毛利的 4% ～ 10%（部分酒店在提取奖励管理费时会有附加条件）。

如以 35% 的平均毛利率计算，基本和奖励管理费可以占到整个营业总收入的 2.4% ～ 5.5%，平均 3.7%；

c. 市场营销费（间接收入）大约占营业总收入的 0.5% 左右。

模式二收取费用：

除上述三项外，还需向特许经营方提交品牌使用费，约为 30 万 ～ 50 万元左右。

（2）加盟特许经营的服务模式及收取费用

1）加盟特许经营服务模式

a. 通过投资者和业主与特许者签订特许经营协议，业主自己经营。加盟者需缴纳一定额度的品牌使用费和管理费用，酒店管理公司则输出品牌和管理模式。

b. 在筹建期间可提供各项咨询服务，包括帮业主选址、提供可行分析、为建设设计、内装修设计提供参考意见。

c. 在营业准备阶段，应为业主提供整套的管理手册、操作手册。

d. 在开业后的日常经营中，业主可以从特许者那里获得长期培训和广泛的咨询。

2）收取费用及方式

a. 初始申请费：此费用涵盖酒店管理公司以下各类成本：酒店管理公司前期内部处理程序、现场调查、市场调研、酒店计划的复查、建设期的检查、筹备开业的技术支持等。该费用的多少取决于管理公司的品牌。

b. 每月特许经营费（四种算法）

（a）以酒店客房数为基数，按每天每间收取费用作为特许权使用费；

（b）按客房收入的百分比计算，一般特许经营费占整个客房收入的0.5%～2%，在美国最少的是3%，较高比例是6.5%；

（c）酒店总收入的百分比计算；

（d）按照每间房销售价格的固定提成或总的可出租房间的固定提成。

c. 其他，如要加入订房网络，提供专项咨询，费用另算；酒店管理公司订房网络所发生的费用一般在房间成交价格的0.5%～2.5%之间。

2. 酒店物业经营管理模式确定

针对三四线城市综合体项目，酒店物业经营管理模式的确定应重点考虑各种模式的操作难度和操作风险，通过对比并结合本项目自身的实际情况，选择难度低、风险小且适合项目长期经营的管理模式。如某三线城市综合体项目酒店物业的经营管理模式的确定：

本项目适合的经营管理方式为委托管理模式，该模式操作难度较低，同时符合开发商操作实况和品牌效应（表3-2）。

某项目酒店物业的经营管理模式　　　　　　　表 3-2

经营模式	操作难度	操作风险	交纳费用	其他备注
委托管理	小	小	平均占营业收入的4%～5%	选择的管理集团是否恰当是此种形式是否成功的前提。 酒店档次不高应与管理集团水平匹配，负责导致经营好，但入不敷出，或经营差
联合经营	大	较大	无	对方以现有固定资产投入，如酒店、厂房、土地等评估作价投入，酒店管理公司以品牌及建造或改造资金投入，确定各方占股比例，成立一家单店，输出品牌，经营利润分成
自营	小	大	无	对开发商的资金实力和酒店经营管理能力有很高要求，如开发商无酒店管理经验，不建议采用，也不利于品牌建设
加盟特许经营	小	较大	特许经营费占整个营业收入0.25%～1.2%；同口径比较仅相当于全权委托管理的1/5～1/6，缴纳费用较少	如以客房收入占营业总收入的50%～60%的比例计算，特许经营费占整个营业收入的0.25%～1.2%，此仅增大经营成本0.725%，同口径比较仅相当于全权委托管理的1/5～1/6，缴纳费用较少。 但业主如果需要的服务内容较多，各项费用加起来，可能比委托管理的代价还要大。 如果酒店本身经营管理不到位的话，花费的特许经营的昂贵代价，未必能达到预期的经营目标，反而增加正常经营成本

第2节　三四线城市综合体项目商业物业经营管理的主要内容与工作要点

对于三四线城市综合体项目，商业物业是其最常见的物业组合类型之一。由于三四线城市大多数商户是散户经营商，管理能力较弱，容易影响项目整体形象和声誉，为实现项目的保值增值，做好项目商业物业的经营管理尤为重要。三四线城市综合体项目商业物业经营管理的主要内容包括营运管理和物业管理，其中，物业管理包括工程管理、安全管理和环境管理，本节将分别对经营管理的各项主要内容的工作要点进行详细地说明。

一、商业物业营运管理的工作要点

三四线城市综合体项目商业物业营运管理是指为提供租户经营、顾客消费满意的服务和环境，由营运管理部门负责的日常经营活动管理，具体包括营运基础信息管理、经营状态分析、租户调整管理、租费管理、服务质量管理、品质管理、公共关系管理以及多种经营管理等。营运管理是三四线城市综合体项目商业物业经营管理的核心，制定细致的营运管理工作要点是保障商业物业营运管理工作顺利实施的重要依据。下面是某公司的商业物业营运管理工作要点，供读者借鉴参考：

（1）营运基础信息管理

1）商业物业的基本信息包括：各业态信息、主力店信息、各品牌信息、各商户信息；这些信息除了固化的基础信息比如面积、品牌、租金、位置等等，更重要的是各个商户的经营信息：它们的经营状况、盈利能力、吸引顾客的能力、人流贡献率、交租能力、拓展规划、守法经营意识等等。这些经营性信息，营运管理部门一定要尽最大可能了解和掌握。

2）营运报表是为了精确了解各个商家以及商业物业整体的经营情况而设立的有效措施。这些报表包括日报、周报、月报、季报、年报。通过对报表的分析，可以发现各个商家的经营状态，哪些品牌不适合商业物业的定位和需求。

（2）**市场调研和经营状态分析**

1）市场调研至少每月进行一次。根据调查结果以及本商业物业的现状，做出调整决策。

2）调研内容：经营面积、经营布局、商品品牌、价格、货品款式、销售额等基本情况信息。

3）调研范围：主要以本区域各同类竞争店项目为调研对象。

4）调研重点：在节假日、换季、促销活动期间重点对竞争对手促销活动进行追踪调研；要以对手的定位及品类设置、品牌（品类）布局及调整状况、购物环境及装修、大型促销活动情况为主。

5）调研细节：天气情况；促销活动细则、媒体宣传情况；卖场销售气氛及促销布置；重点时段客流及交易状况、商品折扣变动情况摘要，专场特卖会区域及品牌；相同品牌畅销款价格摘要、专柜货品丰满度、货品中新旧产品比例等。

6）市场调研后的分析总结，编制调研报告；针对本商业物业存在的问题提出整改方案和整改计划。

（3）**租户调整管理**

1）经营状况分析

a. 商铺销售分析：每月 5 日前收集商户月销售额。每季至少完成一次销售分析报告。每半年形成商铺情况动态表、商品品类经营现状分析报表并上报。作为品牌调整的依据。商管人员负责收集数据。商管主管负责统计分析并形成报告。经理审批报告。

b. 商场客流分析：周一至周五抽查某一天 2 ～ 3 个时段（每时段半小时）一个主要出入口的人数。周六、周日、节假日或开展推广活动日抽查某一天 2 ～ 3 个时段（每时段半小时）一个主要出入口的人数。每月 5 日前上报。商管主管负责汇总统计数据并转交租赁经理上报。

2）市场调研

a. 制订计划：每月进行市场调研，每季度编制调研报告，对商场存在的问题提出整改方案和整改计划。租赁部负责组织市场调研工作，编制市场调研报告和整改计划、方案须上报。

b. 实施调查：根据计划执行，租赁部负责组织实施。

c. 形成报告：调查完毕后 5 日内形成调研报告，对商场的业态组合及品牌组合进行分析，提出调整意见建议。租赁部经理负责市场调研报告，为公司经营决策提供参考依据。

3）招商方案编制

a. 时机：经营布局、品类发生重大调整。较大范围或重要空铺。主管副总确定方案编制时机。

b. 制定方案依据：

（a）依据主管部门的计划指标；

（b）依据市场调研情况；

（c）依据目前商场运营情况；

（d）依据目标商户情况。

c. 方案内容：

（a）市场调研情况；

（b）商场目前运营情况；

（c）目标商户情况；

（d）招商条件、租金物管费底线；

（e）需要工程物业配合情况；

（f）招商工作时间节点；

（g）各项工作责任人；

（h）考核办法。

d. 管理控制：

（a）招商经理编制，总经理负责主持评审后上报。

（b）主管副总负责组织实施，总经理监督实施。

4）商源储备

a. 收集整理：

（a）每周根据洽谈品牌、品类规划及调整的需要进行商户信息的收集。

（b）所收集未在场经营商户资料填入商场品牌资源储备汇总表。根据商户的业态划分及品牌实力综合评价分类存档。租赁主管负责填写商场品牌资源储备汇总表，每周报分管副总审查、核准。每季度第一个月15日前报总经理审查、核准。

b. 跟踪更新：

（a）每月至少一次对目标商户进行跟踪。每月必须进行一次档案更新。

（b）租赁部人员每月对目标商户进一步洽谈，更新商场品牌资源储备汇总表中备注内容；租赁经理每月末对商场品牌资源储备汇总表进行检查。

（4）租费管理

1）主力店租金／物管费

a. 每月 1 日发放租金、物业管理费缴费通知书。

b. 每月 5 日开始对未缴纳当月租金、物业管理费的主力店进行电话催缴。

c. 每月 12 日对未缴纳当月租金、物业管理费的主力店发放第一次欠费通知书。

d. 每月 15 日起对未缴纳当月租金、物业管理费的主力店计算滞纳金，再次发放欠费通知书。客服主管负责配合客服催费员对欠费进行催缴。

e. 客服催费员负责建立收费台账，并随时更新，确保及时准确反映收费信息。遇节假日顺延，但必须保证先发缴费通知书后催缴。

2）商场租户租金／物管费

a. 每月 10 日发放租金、物业管理费缴费通知书。每月 15 日开始对未缴纳当月租金、物业管理费的主力店进行电话催缴。

b. 每月 26 日对未缴纳当月租金、物业管理费的主力店发放第一次欠费通知书。

c. 次月 5 日起对未缴纳当月租金、物业管理费的主力店计算滞纳金，再次发放欠费通知书。

d. 客服主管负责配合客服催费员对欠费进行催缴。

e. 客服催费员负责建立收费台账，并随时更新，确保及时准确反映收费信息。遇节假日顺延，但必须保证先发缴费通知书后催缴。

3）能源费

a. 水费：

每月 13 日工程部给水排水专业人员将水费清单交至财务部。每月 14 日由财务部出具缴费通知书交至客服催费员。客服催费员收到催费通知书及时下发并催缴。催费员在每月当月 25 日前将水费全部收齐。客服主管负责配合客服催费员对欠费进行催缴。客服催费员负责建立收费台账，并随时更新，确保及时准确反映收费信息。

b. 电费：

主力店电费：

每月 13 日工程部给水排水专业人员将电费清单交至财务部。

每月 14 日由财务部出具缴费通知书交至客服催费员。客服催费员收到催费通知书及时下发并催缴。催费员在每月当月 25 日前将水费全部收齐。

其他电费：

商场租户电表实行预付制，每周租户可至商场一号服务台查询电表剩余电量。楼业主电表实行预付制，每周业主可至写字楼客服处查底电表剩余电量。客服主管负责配合客服催费员对欠费进行催缴。客服催费员负责建立收费台账，并随时更新，确保及时准确反映收费信息。

c. 煤气费：

财务部每月收到煤气公司转发账单后出具缴费通知书。次日由财务部将缴费通知书转至催费员，客服催费员收到催费通知书及时下发并催缴。服催费员十日内将费用全部收齐。客服主管负责配合客服催费员对欠费进行催缴。客服催费员负责建立收费台账，并随时更新，确保及时准确反映收费信息。

4）有偿服务收费

a. 按照有偿服务价目表计费，并由客户在广场物业维修工单上盖章或签字。

b. 收款员收到客户所缴费用后通知工程人员维修。

c. 每月底客服接待员统计当月广场物业维修工单有偿服务费金额，并根据维修统计表审核。客服主管每月审核有偿服务收费报表，监督收费工作。

d. 客服主管每月抽查有偿服务收费情况。

5）停车场费用

a. 办卡：

（a）验看车主身份证、行驶证原件，并复印。

（b）根据停车场月卡办理申请单填写相关内容，同时客户缴费。

（c）将客户信息输入车场管理系统。

（d）在门禁卡上开通停车功能。

（e）将客户信息传递给车场主管。

（f）将车位信息录入电脑，建立停车费台账。

b. 续租：

（a）每月 25 日发出续租通知。

（b）核实协议期限，按标准收取车位租赁费用。

（c）开具发票或收据。

（d）将收费信息录入软件系统。每月底统计当月固定车位费收入报管理处主任。

（e）每月底统计次月有效卡信息报车场主管。客服主管每周检查车位账、卡的管理情况。

（f）低于标准收费需总经理审批。

c. 停车场费用：

（a）日常费用收取收款员每日上午 10：00 点与财务会计同去消控中心提取前一天的停车费用。

（b）当场收款员将保险箱钥匙交至财务会计，与会计输入密码后将保险箱内的停车费用取出。

（c）消控中心人员与会计、收款员三方当场核对钱款袋数，由当场清点确认签字。

（d）会计与收款员返回客户服务大厅后再次核对确认钱款袋数，会计离开。

（e）收款员清点每袋钱款数额，并核对与停车场收费员转交的发票数与钱款是否一致。停车场领班将当天的停车费放入保险箱内，并在消控中心登记钱款袋数和存放人姓名。

（f）客服主管每周审核停车费用台账报表，监督收费工作。

6）装修费用

a. 收取装修管理费，开具发票，在装修申请表上填写并签字。

b. 收取保证金、押金、工本费，开具收据，在装修申请表上填写并签字。

c. 退还装修押金时应持消防局验收合格报告、保证金收据等证明文件。

d. 公司审批后办理退款手续。

e. 联系财务部确定拨款 / 取款时间，通知装修公司领取。

f. 客服主管每周检查装修费用的数据录入与统计工作。

g. 退还押金的付款方式与客户交押金时的付款方式一致。

h. 在物业公司竣工验收合格后三个月内无息退还押金。

7）场地出租费

a. 多种经营、广告位出租及场地租赁的费用收取由相关部门文员将客户带至服务大厅收款处。

b.收款员根据各部门提供的场地租赁合同约定价格收取场地押金及租金，并出具相应发票及收据。押金和租金按公司公布的统一标准执行，低于标准的要执行费用减免审批。

c.退还押金

客户凭押金收据到财务部退还场地押金，退还场地押金时应符合以下条件：

（a）活动方应在活动结束当天将场地恢复原状。

（b）客服主管巡视场地，检查设施设备有无损坏，并与客户负责人现场确认如有损坏，折价从押金中扣除。

（c）退还押金须相关人员签字确认方可。联系财务部确定退款时间，通知客户公司领取场地押金。

（5）服务质量的管理

1）树立以客户为中心的观念，时刻牢记尊重客户。

2）加强一线员工的教育与培训，树立企业良好形象。

3）提高客户满意度，追求客户零流失率。

4）建立标准化的服务流程。

5）提供最高客户让渡（附加）价值。

6）提供个性化服务。

7）积极应对客户投诉。

8）进行客户数据整理，实施"精细化"的人性服务。

（6）品质管理

1）日常品质检查

a.工程、安全、消防、环境的基层主管人员确保每日有不少于一个小时的专门检查时间，对所属的工程、消防、安全管理工作及清洁分包方进行检查。

b.营运部门的客户服务、多种经营、现场管理的主管须确保每日对所管领域进行检查。

c.检查中存在的问题记录在品质检查表上，由责任人签字认可。

d.涉及分包项目检查出的不合格及时反馈给供方，限时整改，重要问题须给对方出具整改通知单。

2）每周品质检查

a.由总经理或者副总经理每周组织对现场业务进行全面检查一次，对所属各级员工的制度执行情况、记录资料进行计划抽查。

b. 行政、财务部门每周一对上周本部门工作全面检查。

c. 各部门实施检查时，应积极追根溯源，查出问题的深层原因，并根据品质检查分析与评价指引对问题进行分析，将问题记录在品质检查表。

d. 检查完毕后，检查人员与受检人员召开检查结果碰头会，并根据问题的性质落实责任归属。确定问题无争议后，由问题所在部门负责人签字，分包方的问题由公司的责任监管人签字，并由其负责将问题的整改要求传递给外包方。

e. 在碰头会中，双方必须明确问题的整改期限，对一些影响较大的问题，检查人可要求被检查人书面承诺整改期限及整改标准。

3）每月品质检查

a. 总经理组织成立月检小组，并担任组长，挑选相关业务骨干为组员，组员可根据检查计划、任务而定。

b. 检查组长按品质检查分析与评价指引中的检查测试点分配标准规定的数量，根据检查计划时间、三标制度内各专业块的内容、部门月工作计划、公司当月业务重点设置检查测试点，形成月检计划测试。

c. 上一次发现问题的整改效果验证作为每次月检的内容之一，若发现问题属于计划内容填写在月检计划测试表，属于计划外的另行记录，检查中发现的问题若在周检、日常检查中已被发现并记录，而且有详细整改计划，该问题应只作为观察项。

d. 检查完毕后集中与被检查部门负责人及相关人员召开检查结果碰头会，检查出的问题必须在碰头会上明确整改期限、质量要求。

4）检查结果的评价及考核

a. 部门周检、日常检查的效果作为月检中对部门自我品质控制能力的评价依据。

b. 当部门、班队出现自我品质控制能力较差时，检查小组有责任及时向总经理汇报，并分析原因，提出整改建议。

c. 每周的部门例会中将本周（或上周）的周检情况进行讨论、总结，并做出改进要求。

d. 各部门须对月检出现的问题进行相应的责任归属，并根据责任的轻重对责任人实施考核。每年年底进行的员工绩效考核及评优中，将问题归属责任纳入责任人的绩效考核当中。

5）管理品质监督

a. 日常检查中检查出的问题，及时进行整改并进行归类制定预防措施，同时由责任部门主管分析重点问题产生的原因，由公司品质管理部收集，在周检中验证部门日检的效果，并作为周检、月检中对同类问题检查验证预防措施有效性的依据。

b. 每周检查中检查出的问题，由主管副总经理（物业管理、营运及策划归口部门）与日常检查结果进行验证，重点分析相关问题在日常检查中未查出的原因；对在周检中再次查出日常检查中已查出的同类问题，责令责任部门主管对管理检查程序进行整改；与责任部门主管确定整改时间及时进行整改，确定验证时间；对查出问题进行归类制定预防措施，并纳入到每次检查的范围内，分析重点问题产生的原因，由公司品质管理部收集，在月检中验证部门日检和周检的效果，作为调整月检检查测试点的依据。

c. 每月检查中检查出的问题，由总经理责令责任部门主管及分管副总管理进行整改，对查出问题分析并进行归类制定预防措施，并纳入到每次检查的范围中。

（7）公共关系管理

1）政府关系管理

a. 主动与政府部门接触和联系，了解政府相关政策法规的变化，自觉接受政府管理，遵守政府政策法规，能够及时对政府政策的变化做出相应地调整。

b. 通过内刊、新闻报道、座谈会、公关活动等多种形式向政府传达购物中心的良性信息，保持与政府的信息沟通。定期由高层领导统筹带头，主动邀请政府相关主管部门来参观或举行会议，了解政府对项目的一些指导政策，以利于采取措施去维持良好的政府关系。

c. 积极响应政府的号召或者以主动的姿态为政府分担在社会责任上的重任，并为此做出一系列书面或口头承诺，并以自己的行为履行诺言，赢得政府部门的信任。

d. 积极参与某些政府技术公关项目，支持中国社会公益事业，并经常赞助医药、教育、环保、体育文化等事业。

e. 说服政府部门积极参与到本项目的各种大型公益活动中来，甚至由政府主办，本项目承办。政府有公安、交通、宣传等权力优势，它们出面会使活动做得更有声势，更有影响力，也更有效率。

2）新闻媒介关系管理

a. 尊重新闻价值，了解新闻界人士的职业特点。

b. 提供报道的消息和资料，必须真实、准确、讲究时效。

c. 主动邀请新闻界人士出席本单位的公共关系活动，热情接待前来采访的所有新闻界人士。

d. 精心筹备，开好记者招待会。

3）社区与社会团体关系管理

a. 实行门户开放，邀请社区内单位和居民参观本项目。让本项目成为年轻人来社交、老年人来休闲、小朋友来游玩、购物者来购物的场所，实现公共空间的社会化。

b. 承担社区责任，积极支持社区公益事业。

c. 维护社区自然环境，防止污染，努力保持生态平衡。

d. 尽量使商业与文化相结合，努力体现本地区的民俗风情、文化特色，充分考虑居民的购买力水平和消费者的职业特征，运用与本项目形象相适应的推广手段，讲究社区品味，体现人文关怀。

（8）多种经营开发管理

1）每年 11 月 10 日前完成下一年度规划。根据情况变化对规划进行调整。

2）合理利用开发点位。根据商业物业的布局确定品类。

3）结合市场情况确定租金水平。

4）根据规划从商源储备库选择合适商户进行洽谈。根据客户资料填写意向客户审批表，招开评审会议，经总经理审批后确定商户。

5）使用格式文本拟定合同条款。根据多种经营审批流程图进行审批。

6）广告位和路旗招商：由客户提供广告小样进行审批。

7）同一区域内的固定柜台（背柜）高度须统一。

8）花车统一使用项目 LOGO。

9）发现违规现象情节严重时按照租户手册进行处罚。

10）租赁部人员开具租户交接单，将退场情况交给商管人员。

11）内场固定项目退场后的第二天，营运部及物管部共同进行现场验收。合格后 45 日内退还相关保证金。

二、商业物业管理的工作要点

三四线城市综合体项目商业物业管理包括工程管理、安全管理和环境管理，下面将分别对各项管理的工作要点进行说明。

1.商业物业工程管理的工作要点

三四线城市综合体项目商业物业工程管理是指为保障物业建筑体以及各种设施设备的正常运行，由工程管理部门负责进行商业物业前期介入管理、工程接管验收管理、工程整改管理、工程设施设备管理、工程设备间管理等。

（1）前期介入管理的工作要点

前期介入管理是指为避免商业物业在经营过程中出现较大的工程改动，在商业物业的可行性研究及规划设计阶段开始就提供工程方面的相关建议。下面是某三线城市综合体项目商业物业前期介入管理的工作要点，供读者借鉴参考：

1）可行性研究阶段的介入要点：

a.提供已运行的商业物业在工程配套方面的成功与缺欠。

b.就日后的商业工程管理内容、商业工程管理标准及成本、设备设施维修支出等方面提供有参考价值的意见。正确的建议和重要的信息可对项目的可行性分析、降低决策的风险起着重要的作用。

2）规划设计阶段的介入要点：

a.就结构布局、功能方面提出改进建议。

b.设备设施配套和水电气等供应容量合理性、适应性。

c.设备设施、装修材料的设置、选型等。

3）施工建设阶段的介入要点：

a.配合监理公司检查监督施工工程中批量较大的各种建材、装饰材料和建筑配套设备设施是否与设计图纸规定的品牌、型号、规格和标准相符合，以及施工安装的质量。

b.配合监理公司重点对建筑的结构、防水层、隐蔽工程、钢筋以及管线材料的使用安装过程中的监督检查。

c.熟悉并记录基础及隐蔽工程、管线的铺设情况，特别是那些在设计资料和常规竣工资料中无法反映的内容。

d. 在公司、监理公司的配合下将参与所有土建工程、装饰工程、设备设施安装工程、相关的市政工程的施工单位、供货商、安装单位等就设备设施的保质（修）期的保质（修）内容、保质（修）期限、责任、费用（维修保证金）违约处理等达成书面协议，以便运行后的工作联系。

e. 重要的土建要确保一定的抽检合格率，所有的隐蔽工程都要进行质量验收，且要有商业管理人员参加。尤其是防水工程的各工序验收。

4）设备安装调试阶段的介入要点：

a. 参与重要的大型配套设备（包括电梯、中央空调、配电设施、闭路监控系统、消防报警系统、电话通信交换系统等）安装调试工作，要求施工单位对商业工程管理人员及相关技术操作人员提供正规的培训。

b. 通过详细查看各专业设备技术参数，结合设备随机文件，了解掌握各专业设备的技术参数，安装基础、标高、位置和方向，维修拆卸空间尺寸、动力电缆连接等技术要求。

c. 在详细研读设计图纸和现场检查建筑空间位置及外形尺寸的基础上，在符合设计规范、技术要求的前提下，应使设备及系统的巡视操作便利、易于维修保养，设备系统容易调节匹配，系统管线布置和流程控制更趋于经济合理，各系统的动能、功能流量输出应便于计量管理，便于经济核算。

d. 参加设备安装工程分布、分项工程验收、隐蔽工程的验收和设备安装工程的综合验收，从设备运行管理方面提出整改意见和建议。

5）竣工验收的介入要点

商业工程管理人员应会同公司、监理公司及有关人员参与项目的整体竣工验收，应随同相关验收组观看验收过程，主要是为了掌握验收情况，收集工程质量、功能配套以及其他方面存在的遗留问题，为商业工程管理的接管验收做准备。对不符合商业工程管理要求的工程项目内容及缺欠要记录在案，并提交公司整改。

6）装修装饰阶段的介入

a. 熟悉经公司审核的主力店二次装修图纸。

b. 审核小商铺装修设计方案和施工图纸，施工图纸应包括效果图、总平面图、各立面图、天花平面图、橱窗及店招平面图和立面图、电气系统图、电气施工平面图、所有主材明细等。

c. 审核施工单位资质证明，包括施工单位营业执照、施工许可证明、电工上岗证，如需动用电焊等特殊设备的须审核操作人员的上岗证明。

（2）工程接管验收管理的工作要点

工程接管验收管理是指为确保物业可以正常使用而对建筑以及各项设施设备是否符合设计规定进行检查验收。下面是某三线城市综合体项目商业物业工程接管验收管理的工作要点，供读者借鉴参考：

1）建筑结构、空间尺寸及设备设施整体布局、配套是否符合设计规定。

主要验收部分：变配电设备系统、给水排水设备系统、空调通风设备系统、消防设备系统、通信网络设备系统、电梯设备系统、供暖设备系统、燃气设备系统以及智能化监控管理设备系统。

2）检查验收各专业设备的技术性能参数，安装基础、标高、位置和方向、维修拆卸空间尺寸、动力电缆连接等是否符合设备（机组）的技术要求。

3）对设备安装工程的分部、分项工程质量验收，对隐蔽工程质量验收和设备安装工程质量的综合验收。

4）对所有的建筑技术资料、产权资料、设备前期工程技术资料以及设备设施验收时有关工程设计、施工和设备质量等方面的评价报告进行验收。要求收集整理的文件资料主要有：

a. 设备选型报告及技术经济论证；

b. 设备购置合同；

c. 设备安装合同；

d. 设备随机文件（说明书、合格证、装箱单等）；

e. 进口设备商检证明文件；

f. 设备安装调试记录；

g. 设备性能检测和验收移交书；

h. 设备安装现场更改单和设计更改单；

i. 技术管理业务往来文件、批件等。这些文件资料连同设备安装工程竣工验收图纸资料一起归入设备前期技术资料档案。

（3）工程整改管理的工作要点

工程整改管理是指为提高项目整体的经济效益和安全性而进行的对规划设计、施工质量等各类问题进行查找、收集整理并确定整改方案，最后再组织实施。下面是某三线城市综合体项目商业物业工程整改管理的工作要点，供读者借鉴参考：

开业 30 天内，工程管理人员应充分查找、收集、整理工程质量问题，也可依据日后实际运行条件预见性做出合理推断并拍照取证，对所有工程遗留问题进行分设三类分别处理：规划设计问题、商业优化需求、施工质量问题。

1）规划设计问题

工程管理部门要集中整理各项工程遗留问题，并在充分听取其他部门意见的基础上，对于影响商业活动和工程质量及品质的问题及项目，形成工程质量问题处理报告，阐明情况，明确整改方案及费用测算上报公司，得到处理批复后组织整改实施。

2）商业优化需求

商业物业开业后，由经营部门提出商业物业条件或商业设备不能满足商业经营活动需要和影响正常经营的项目，工程人员整理分析后，立册、分项形成书面文档清晰阐明原因及费用估算，由公司或商业管理公司工程部门在项目保证金中或维修基金中支出费用进行整改。

3）施工质量问题

工程管理人员应将收集的工程质量问题列出清单及要求整改期限，上报公司协调施工承包方尽快解决。要求公司支付工程质保金时，应经商业管理公司审批。如施工单位同一问题维修三次后仍未解决，商业管理公司可在书面通知公司和责任施工单位的前提下，另行委托其他单位处理，相关费用从其质保金中扣除，如质保金不足，欠缺金额由责任施工单位承担。

在工程保修期间，如施工单位不履行合同义务的，由商业工程管理部门发函给施工单位，同时抄报公司要求其进场维修，如对施工单位两次发函催促仍不履行维保责任的，7 日内由商业管理公司负责估算维保金额向施工单位致函（抄报项目公司），由公司财务部直接代扣施工单位相应维保款拨付到商业管理公司，工程管理部门可按制度对上述维保做招投标，选定外委施工单位完成维修。

（4）工程设施设备管理的工作要点

工程设施设备管理是指为保障工程设施设备得以持久高效运行而进行的设施设备运行与维修保养管理。

其中，工程设施设备运行管理主要对包括中央空调系统、给水排水系统、供配电系统、弱电及监控系统、电梯系统等设备设施的运行状况、可能出现的安全隐患监控以及出现的紧急故障处理等进行管理。而工程设施设备维修保养管理是指对各设施设备系统的大中小维修工程的维修前预检、维修准备以及维修计划实施等的管理。下面是某三线城市综合体项目商业物业工程设施设备管理的工作要点，供读者借鉴参考：

1）设施设备运行管理

a. 对各类公共设施设备的运行（开启、关闭）时间和控制标准进行系统规定，形成设施设备运行方案。设施设备运行方案必须符合对租户的各项服务承诺，与租赁合同、销售合同、物业管理合同、业户服务手册、业户管理公约等文件保持一致。

b. 设施设备维护人员应按规定对各系统设备的运行数据按时统计并保存，每年要对各种数据进行汇总分析，并评估各系统的能效和可靠性。

c. 必须建立停电、停水、电梯困人、给水排水、锅炉、制冷等事故工程应急预案，确保紧急事故发生后能按预先制定的应急预案快速、正确的实施抢险处理。如有紧急事故发生，部分设备设施的功能修复期间，应该采取临时应急措施，保障商户的正常经营。

2）设施设备维修保养管理

a. 维修前的预检

（a）技术人员首先要阅读技术说明书和各类图纸，熟悉维修对象的结构、性能和技术指标。其次是查看技术档案，了解对象的故障及其修理的历史情况；

（b）使用和维护人员介绍维修对象目前的技术状态和主要缺陷；

（c）进行外观检查，如磨损、油漆及缺损情况等；

（d）进行运行检查，开动设备，观察运行情况；

（e）按部件解体检查，将有疑问的部件拆开细看是否有问题，拆前要做好记录，以便解体时检查及装配复原之用；

（f）预检完毕后，将记录进行整理，编制维修工艺准备资料，如修前存在问题记录表、零配件修理及更换明细表等。

b. 维修前资料准备

维修前预检结束后，工程技术人员须准备各类图纸、图样、记录表格以及其他技术文件等。

c. 维修前工艺准备

资料准备工作完成后，根据情况决定是否编制修理的工艺规程或设计必要的工艺装备等。

d. 其他准备

其他准备包括对材料及零备件、专用工、量具和设备的准备，以及具体落实维修日期和时间，向业主、租户和有关部门发出通知，清理作业现场等房屋、设施设备维修前的准备工作。

e. 组织实施

要严格按照房屋及设施设备的维修计划实施，在确保安全的前提下，注意控制以下几个因素：

（a）质量的控制

对维修养护质量有影响的要素进行有效控制，并加强对工程质量的验收检查，确保维修养护工作能够达到计划的质量标准。

（b）进度的控制

商业的房屋和设施设备的使用率较高，停机维护一般都会给商业的运行造成不便。对维修养护工作进度进行有效控制，既可以减少维修养护工作对商业运行的影响，也有利于降低成本。

（c）成本的控制

通过对维修养护成本的构成要素进行有效控制，提高维修养护工作的经济性。

f. 验收和存档

（a）根据房屋及设施设备维修养护项目实际情况和工程量，采取适当的验收方式。

（b）维修养护工作的存档应该包括维修养护的计划、预算和批准文件、维修养护工作记录、更换材料和零配件记录、竣工图和验收资料等。

（5）工程设备间管理的工作要点

工程设备间管理是指为保持高低压配电间、发电机房、水泵房、电梯机房、空调机房、弱电机房等设备间的正常运作而进行的维修保养、日常清洁等的管理。下面是某三线城市综合体项目商业物业工程设备间管理的工作要点，供读者借鉴参考：

1）高低压配电间管理

a. 对于出入配电室的人员进行严格管控，这是设备间管理的第一要素。停送电由值班运行电工进行操作，非值班运行电工禁止操作。值班运行电工应按规定对配电装置定时巡查，做好巡查记录，发现问题及时处理，不能即时处理的问题，要及时上报主管领导。

b. 各线路操作开关应设明显标志，检修停电拉闸必须悬挂标识牌，严格按规范执行高压倒闸及故障停电处理程序。

c. 供电线路严禁超载供电，配电房内禁止乱拉、乱接线路。

d. 严禁违规操作，操作及检修时，必须按规定使用电工绝缘工具、绝缘鞋、手套等。

e. 保持良好的室内照明和通风，墙上应配挂温度计，室内温度应控制在规定的范围内。

f. 配电房每日清扫两次，保持室内清洁、干净，无杂物，无蜘蛛网，无积水。

g. 做好防护措施，防止小动物进入配电房。

h. 配电房内配备灭火器材，并保护完好及使用方便。

2）发电机房管理

a. 发电机房的管理要遵守配电房管理的所有规定。

b. 保持发电机处于良好状态，24 小时随时可以应急启动。

c. 定期启动发动机进行测试，发现异常及时处理。

d. 确保油料储备处于正常水平，使用后及时补充。

e. 按相关规程对发电机房专用灭火系统维护保养。

3）消防水泵房、稳压水箱间和生活水泵房管理

a. 值班人员应对水泵房进行日常巡视，检查水泵、管道接头和阀门有无渗漏，并做好巡查记录。

b. 每天检查水泵控制柜的指示灯指示，观察停泵时水泵压力指示。

c. 泵房每周由分管负责人打扫一次，确保泵房地面和设备外表的清洁，无灰尘、地面无积水。

d. 钥匙由值班人员管理，透气管应用纱布包扎，以防杂物掉入水池。

e. 水泵保养要求定期对其进行维修保养。

f. 保证水泵房的通风、照明。

g. 按国家和地方规范对生活水箱定期清洗和检测。

4）电梯机房管理

a. 每周对机房进行一次全面清洁，保证机房和设备表面无明显灰尘，机房及通道内不得住人、堆放杂物。

b. 保证机房通风良好，风口有防雨措施，机房温度不超过40℃。

c. 保证机房照明良好，灭火器和盘车工具挂于显眼处。

d. 故障或停电困人救援方法和各种警示牌应清晰并挂于机房显眼处。

e. 机房门窗应完好并上锁，未经允许，禁止外人进入。

f. 按维修保养规定定期对机房内电梯进行维修保养。

5）空调机房和锅炉房的管理

a. 运行人员严格落实岗位责任规定，严格执行各项工作规章制度，熟练掌握机站设备设施的工作性能，执行操作运行规程，做好巡查，检修各项工作记录以及值班工作记录。

b. 机房内各种设备设施标识、标牌要清晰、准确，各类压力表、仪表应有法定计量的标签标识，仪表仪器准确完善，通信照明畅通、完好，机房配套设备设施保持正常状态。

c. 机房内的消防设备设施要保持完善的状态，运行人员要协助有关人员对其进行检查，保障机房消防设施无隐患存在。

d. 保持机房清洁卫生，设备设施无灰尘、无锈蚀、达到整洁明亮、物品排列整齐，机房排水畅通。

e. 空调机组、锅炉实行定人、定岗负责维修保养，按安全技术规程、保养规程进行操作，做好日常、月、季保养工作，做好入档案记录。严格执行设备维修计划，确保设备设施处于良好的技术运行状态。

f. 机房除适当放置相关工具和制冷、锅炉物品外，严禁存放易燃易爆等危险品。

g. 值班人员必须严守岗位，服从指挥、严守操作规程，不得擅离职守。必须填写运行记录：设备开、停时间，停台检修原因、时间，恢复正常状态时间，并在记录上签名。

6）消控中心和弱电机房的管理

a. 监控中心实行全天值班制度，值班员应严格遵守值班岗位职责，严格执行交接班制度，不得随意离开监控中心。

b. 严禁非当值人员在监控中心内逗留，公司其他部门员工，非公司人员需要进入监控中心，按照规定进行登记。

c. 监控中心的电话属专用报警联系电话，任何人不得占用。

d. 出现报警信号，监控中心值班员必须立即核查报警信息，通知现场商管员协助处置。

e. 每季度配合消防监控（消防部门）对所属消防设备进行手动、自动检查或模拟试运行一次，每月配合维修人员对消防控制设备、湿式报警系统、消防泵结合器、避震喉检查保养，每周配合维修人员对消防监控中心的有关控制、联动设备进行检查保养。

f. 严格遵守"消防系统工程检查、维护、保养登记制度"，每次检查保养维护后，按照检修时间、负责人、检修人、检修项目、检修结果认真登记，字迹工整，内容齐全。

g. 值班员负责做好监控中心有关设施设备的日常清洁、保养，保持监控中心内清洁卫生，发现故障及时报告工程部门进行维修。

h. 监控中心内应配备足够数量的应配置手持灭火器、消防扳手、消防斧、消防头盔、防烟罩等消防器材。值班室内严禁吸烟，严禁存放易燃、易爆等危险品。严禁在监控中心会客及从事与工作无关事情。

7）管道井、楼层配电间的管理

a. 所有管道井、楼层配电间日常要求锁闭，禁止无关人员出入。

b. 所有管道井、楼层配电间要求定期巡视。

c. 保持管道井、楼层配电间清洁卫生，不得堆放无关杂物。

d. 配电房相关规定同时适用于楼层配电间。

8）污水处理间的管理

a. 所有污水处理间日常要求锁闭，禁止无关人员出入。

b. 所有污水处理间要求每天巡视，主要检查主、备用污水泵的电器控制部件信号显示是否正常，检查污水泵能否自动运行及工作状态；定期检查污水池内杂物堆积情况，并及时清除。

c. 定期对污水间消杀处理，防止蚊、蝇滋生。

d. 保持污水间通风、相对密闭，防止异味流窜到其他区域。

2. 商业物业安全管理的工作要点

三四线城市综合体项目商业物业安全管理主要包括消防管理和安防管理。

（1）消防管理的工作要点

由于三四线城市综合体项目商业物业人流量大、经营业态复杂、可燃物品多，存在的安全隐患多，消防管理的难度也更大。因此，需要做好消防安全规章制度的制定、消防宣传教育和培训、防火检查和巡查、火宅隐患的整改等管理工作。下面是某三线城市综合体项目商业物业消防管理的工作重点，供读者借鉴参考：

1）消防组织运作管理

a. 建立健全消防安全规章制度

消防安全管理制度主要包括的项目有：

（a）消防安全教育培训；

（b）消防值班、巡查和检查；

（c）用火用电安全管理；

（d）火灾隐患整改；

（e）消防安全疏散设施、消防设施和器材的维护管理；

（f）专职和义务消防队的组织管理和训练；

（g）灭火和应急疏散演练；

（h）消防工作考评与奖惩。

b. 建立消防组织和消防安全责任制

（a）消防组织的建立

a）义务消防队的建设

公司领导要重视义务消防队的建设，有计划地组织学习消防业务，每月组织训练一次，每半年对义务消防队进行调整和考核，以确保能随时出动并发挥作用。

b）消防安全管理协调领导机构的建设

公司消防负责人和各经营单位消防负责人组成消防安全管理协调领导机构，其主要任务包括负责物业内的消防安全管理的领导协调工作；定期组织消防安全会议，评估项目的消防安全管理工作，指导各单位的消防安全管理工作；组织物业内的消防安全联合检查。

c）各单位消防安全管理组织的建设

各经营单位和管理公司必须建立本单位的消防安全管理组织，开展本单位消防安全管理"群防群治"的工作。

（b）消防安全责任制的建立

a）落实逐级消防安全责任制和岗位消防安全责任制，明确逐级和岗位消防安全职责，确定各级、各岗位的消防安全责任人。

b）按照"谁主管，谁负责"的原则，公司总经理是消防安全责任人，对消防安全工作全面负责。公司下属各部门负责人作为本部门责任人，承担本部门消防安全管理责任，与总经理签订消防安全责任书。

c）各主力店、小业主、物业使用人以及各种有关分包、协作单位必须与管理公司签订消防安全责任书；各单位消防组织内部，各部门和班组逐级向上一级组织签订消防安全责任书。

d）消防安全责任书中必须清楚表述建立安全管理标准和安全管理制度、完善各类安全设施和措施、健全安全组织和安全责任体系、开展安全教育培训和安全检查，杜绝安全隐患的内容。

c. 消防宣传教育和培训

（a）商业物业内作为公共聚集场所和消防重点单位，根据《机关、团体、企业、事业单位消防安全管理规定》的要求，城市综合体在营业、活动期间，应当通过张贴图画、广播、闭路电视等向公众宣传防火、灭火、疏散逃生等常识。对每名员工至少每半年进行一次消防安全培训，商业物业至少每年开展一次实战消防演练。消防宣传教育和培训内容应当包括：

a）有关消防法规、消防安全制度和保障消防安全的操作规程；

b）本单位、本岗位的消防重点区域和防火措施；

c）有关消防设施的性能、灭火器材的使用方法；

d）扑救初起火灾以及自救逃生的知识和技能；

e）组织、引导在场群众疏散的知识和技能。

（b）新上岗和进入新岗位的员工应进行上岗前的消防安全培训。单位的消防安全责任人、消防安全管理人、专兼职消防管理人员、消防控制室的值班操作人员等还应接受消防安全专门培训。

d. 组织防火检查和巡查

（a）防火巡查

作为消防安全重点单位和公众聚集场所，商业物业经营管理者应当在营业期间进行多次、定期消火巡查，营业结束时应当对营业现场进行检查。巡查的内容应当包括：

a）用火、用电有无违章情况；

b）安全出口、疏散通道是否畅通，安全疏散指示标志、应急照明是否完好；

c）消防设施、器材和消防安全标志是否在位、完整；

d）常闭式防火门是否处于关闭状态,防火卷帘下是否堆放物品影响使用；

e）消防安全重点部位的人员在岗情况及安全状态；

f）其他消防安全情况。

（b）防火检查

防火检查应当至少每月进行一次，检查的内容应当包括：

a）火灾隐患的整改情况以及防范措施的落实情况；

b）安全疏散通道、疏散指示标志、应急照明和安全出口情况；

c）消防车通道、消防水源情况；

d）灭火器材配置及有效情况；

e）用火、用电有无违章情况,公共场所和商户店铺内拉接的电气线路情况；

f）重点工种人员以及其他员工消防知识的掌握情况；

g）消防安全重点部位的管理情况；

h）易燃、易爆、危险物品和场所防火、防爆措施的落实情况以及其他重要物资的防火安全情况；

i）消防（控制室）值班情况和设施运行、记录情况；

j）消防系统运行、检测、维保境况；

k）防火巡查情况和部门周检情况；

l）消防安全标志的设置情况和完好、有效情况；

m）广场内正在施工的区域消防安全管理情况；

n）主力店消防安全管理情况,重点检查主力店厨房、仓库、消防设备设施、疏散设施、安全用电情况等；

o）其他需要检查的内容。

e.火灾隐患的整改

（a）根据《机关、团体、企业、事业单位消防安全管理规定》的规定，对下列违反消防安全规定的行为，各单位须责成有关人员当场改正并督促落实：

a）违章进入储存易燃易爆危险物品场所的；

b）违章使用明火作业或者在具有火灾、爆炸危险的场所吸烟、使用明火等违反禁令的；

c）将安全出口上锁、遮挡，或者占用、堆放物品影响疏散通道畅通的；

d）消火栓、灭火器材被遮挡影响使用或者被挪作他用的；

e）常闭式防火门处于开启状态，防火卷帘下堆放物品影响使用的；

f）消防设施管理、值班人员和防火巡查人员脱岗的；

g）违章关闭消防设施、切断消防电源的；

h）其他可以当场改正的行为。

（b）对不能当场改正的火灾隐患，消防工作归口管理职能部门或者专兼职消防管理人员应当根据本单位的管理分工，及时将存在的火灾隐患向单位的消防安全管理人或者消防安全责任人报告，提出整改方案。消防安全管理人或者消防安全责任人应当确定整改的措施、期限以及负责整改的部门、人员，并落实整改资金。

（c）在火灾隐患未消除之前，单位应当落实防范措施，保障消防安全。不能确保消防安全，随时可能引发火灾或者一旦发生火灾将严重危及人身安全的，应当将危险部位停产停业整改。

f. 建立健全并及时更新消防档案

消防档案应当包括消防安全基本情况和消防安全管理情况。

（a）消防安全基本情况应当包括以下内容：

a）单位基本概况和消防安全重点部位情况；

b）建筑物或者场所施工、使用或者开业前的消防设计审核、消防验收以及消防安全检查的文件、资料；

c）消防管理组织机构和各级消防安全责任人；

d）消防安全制度；

e）消防设施、灭火器材情况；

f）专职消防队、义务消防队人员及其消防装备配备情况；

g）与消防安全有关的重点工种人员情况；

h）新增消防产品、防火材料的合格证明材料；

i）灭火和应急疏散预案。

（b）消防安全管理情况应当包括以下内容：

a）公安消防机构填发的各种法律文书；

b）消防设施定期检查记录、自动消防设施全面检查测试的报告以及维修保养的记录，记明检查的人员、时间、部位、内容、发现的火灾隐患以及处理措施等；

c）火灾隐患及其整改情况记录，记明检查的人员、时间、部位、内容、发现的火灾隐患以及处理措施等；

d）防火检查、巡查记录，记明检查的人员、时间、部位、内容、发现的火灾隐患以及处理措施等；

e）有关燃气、电气设备检测（包括防雷、防静电）等记录资料，记明检查的人员、时间、部位、内容、发现的火灾隐患以及处理措施等；

f）消防安全培训记录，记明培训的时间、参加人员、内容等；

g）灭火和应急疏散预案的演练记录，记明演练的时间、地点、内容、参加部门以及人员等；

h）火灾情况记录；

i）消防奖惩情况记录。

g. 制订灭火应急疏散预案并定期演练

（a）灭火和应急疏散预案通常包括以下内容：

a）组织机构包括：灭火行动组、通信联络组、疏散引导组、安全防护救护组；

b）报警和接警处置程序；

c）应急疏散的组织程序和措施；

d）扑救初起火灾的程序和措施；

e）通信联络、安全防护救护的程序和措施。

（b）城市综合体作为消防安全重点单位，应当至少每半年进行一次灭火和应急疏散预案演练，并结合实际，不断完善预案。

2）消防设施运行管理

a. 基本要求

自动消防设施一旦投入使用，必须严格管理。

（a）系统必须要有专人负责，实行 24 小时值班制度，无关人员不得随意触动。系统的操作维护人员应是经过专门培训，并经消防安全主管部门组织考试合格的专门人员。值班人员应熟悉掌握本系统的工作原理和操作规程，应熟悉掌握本单位火灾自动报警系统的报警区域和探测区域的划分。

（b）系统管理部门必须收集和掌握系统竣工图、设备技术资料、使用说明书、调试开通报告、竣工报告、竣工验收情况表等有关资料，建立一套完整的技术档案，以利于使用和维护。

（c）应建立系统操作使用规程，明确值班人员职责，做好系统运行和维护记录。

b. 定期检查

系统投入正常使用后，为确保运行正常和可靠性，必须严格按定期检查制度进行定期检查和试验。

c. 日检

（a）消防控制中心值班人员每班次对火灾报警主控屏、消音、复位检查1次。记录每项报警、动作、监管、故障信息，并在接到信息时立刻通知报警区域值班人员，不得有遗漏。

（b）消防控制中心负责人根据当天消防控制中心数据情况填写消控中心值班检查记录表。

（c）弱电技工每日对消防报警控制主机的运行情况检查1次，并填写记录。

（d）强电技工每日对消防系统用低压配电柜、双电源互投箱的运行情况检查1次，并填写记录。

（e）给水排水技工每日对消火栓、喷淋系统供水总阀、报警控制阀、屋面消防稳压水泵房进行1次检查，并填写记录。

（f）空调技工对所有使用燃气、煤气、煤油、柴油等燃料的设备及区域，做到每日上下班检查，防止任何泄露引起的安全隐患。

d. 周检

（a）对各级供配电系统、燃气系统、易燃易爆物品存放部位的防护措施每周进行1次重点排查。

（b）每周检查并清理所有消防卷帘门下有可能阻碍消防卷帘下降的物品，保证一旦发生火情消防卷帘能够顺利放下。

（c）确保所有防火门能自动关闭。

（d）检查消防水泵房、消防稳压泵房设备运行、环境卫生情况。

（e）进行主、备电源自动转换试验。

e. 月检

（a）每月检查所有应急疏散指示，确保有效及指示方向正确。

（b）每月对火灾报警联动控制系统检查1次。

（c）每月抽检火灾探测器的报警功能和显示位置是否正常。

（d）每月对防火卷帘门、疏散指示、消防通道照明检查1次。

（e）每月对所有屋面消防风机、防火阀检查试机 1 次。

（f）每月对消防广播系统、非消防电源强切测试 1 次。

（g）每月对电梯进行强制停于首层试验。

（h）每月消防通信系统检查一次。

f. 年检

（a）使用单位每年应聘请具有资质的消防检测单位对自动消防设施进行一次全面检测，出具检测报告，报相关单位备案。

（b）火灾报警系统投入运行两年后，其中的点型感温、感烟探测器应每隔 3 年由专门清洗单位全部清洗一遍。

（2）安防管理

由于三四线城市综合体项目商业物业具有开放性，人员复杂，出现安全隐患的可能性高，因此，做好安防管理工作尤为重要。三四线城市综合体项目安防管理是指为维护正常的经营秩序而进行的人身财产安全、治安安全管理等，具体包括商场开闭店安全管理、延时服务安全管理、劳动安全管理、设备安全管理、财产安全管理等。下面是某三线城市综合体项目安防管理的工作要点，供读者借鉴参考：

1）商场开闭店安全管理

a. 员工进场环节的管理要点

（a）监督保洁作业人员开店前作业人数；

（b）检查早间作业（运输货物和垃圾、早间维修、保洁作业）情况和有关许可证明；

（c）检查各商户进场营业员的有效证件。

b. 开店环节的管理要点

（a）按规定程序、指令，依次开启照明、电梯、空调、背景音乐等设备；

（b）按规定程序、指令，按次序开启商业中心各个通道、大门；

（c）按规定程序、指令，广播开店通知及迎宾词。

c. 闭店环节的管理要点：

（a）按规定程序、指令，广播闭店通知及送宾词；

（b）按规定程序、指令，按次序关闭商业中心各个通道、大门。在这个阶段，必须清楚、正确、便利地引导顾客离开商场；

（c）按规定程序、指令，依次开启背景音乐、空调、电梯、照明等设备。

d. 清场环节的管理要点

（a）分阶段，安排顾客和营业员离场；

（b）对各消防通道、商铺、卫生间、楼顶进行全面、地毯式、由内至外、由上至下清场，确认无安全漏洞；

（c）检查夜间作业（装修、运输货物和垃圾、夜间维修保洁作业）作业情况和有关许可证明。

整个开闭店管理作业由安全管理部门负责统一指挥，营运人员、技工和安全管理人员依规定职责执行，总值班监控整个开闭店过程。

2）延时服务安全管理

a. 根据各业态营业的不同时间要求，合理做出行人流线的规划，既确保毗邻商户的安全要求，又提供顾客的交通便利；

b. 因地制宜，尽量利用有利的空间设施进行物理界面分隔，根据营业时间规划安排启闭；

c. 没有可供利用物理界面的，应使用临时性的设施进行分隔；

d. 设置有利于顾客辨认的导示标识并引导其通行；

e. 在关键的交通节点布置警戒，包括固定岗和巡逻岗；

f. 开业前充分预计延时服务给人力成本、能耗成本、保洁成本等管理成本带来的增加，对延时服务业态可酌情额外收取管理费用。

3）宣传推广安全管理

a. 节假日或举办重大活动之前必须进行风险评估和制订突发事件应急预案。

b. 商业物业公共安全管理的主要任务是防范和控制拥挤、踩踏等集体性公众危害的事件发生。应当对公共场所聚集人流的数量、速度和方向以及其行为特征做出评估，按照疏散方向及路线，采取必须的技术保护和人力保护措施。

c. 对于商业庆典、重大节日等大型活动的开展前须向当地公安主管部门申报审批。

d. 活动前应对搭建舞台、广告设施（牌）的安全及可靠性进行认真检查，对于用电设备、电器等接头、用电负荷等可靠性进行检查和核对，对安全标志、应急设备及公安、消防、医疗等保障性准备工作予以落实。

4）交通安全管理

a. 必须完善交通安全警示标识和安全防护设施,如限位、限速、限高、转向、坡道行驶等管理要素的相关标识和设施,并确保其有效性和符合性;

b. 科学布岗和制订巡逻路线,做好车辆、行人交通行为的引导,完善人防措施;

c. 制订交通安全突发事件的应急处理方案,并定期进行演练。

d. 对于商业客流高峰时段,可以采取增加临时收费点,设立快速通道等方法做好收费车辆通行能力和车辆疏导的工作。

e. 酌情购买停车场管理第三责任险和盗抢险。

5）劳动安全管理

a. 对涉及以下环节及方面危险源进行识别,并制订相关应对措施:

（a）物业建筑物及公用设施;

（b）管理服务作业过程;

（c）机电设备设施;

（d）粉尘、毒物、噪声、辐射、振动、高温、低温等有害作业部位;

（e）管理设施、事故应急抢救设施和辅助生产、生活卫生设施;

（f）工时制度、女职工劳动保护、体力劳动强度。

b. 导入OHSAS18001职业健康安全管理体系标准;

c. 必须按规定配置劳动保护用品,员工必须按规定使用劳动保护用品;

d. 安全管理人员等蕴含安全风险的工作岗位,相关人员应当购买意外伤害保险。

6）设备安全管理

a. 通过设备技术状态管理,掌握和控制设备缺陷,并及时维修,恢复其技术性能和安全性能;

b. 严格贯彻设备安全操作规程和维护技术标准,防止设备误操作和维护保养不当;

c. 制订并实施设备运行环境技术标准,做好设备的防鼠、防潮、防尘、防高温、防静电、防雷击等技术防范工作;

d. 建立设备安全事故的报告和管理制度,按照"三不放过"原则,认真调查事故原因和责任,严厉追究责任事故的责任人;

e. 建立各种设备事故的应急处理方案，并定期进行演练；

f. 酌情购置机损险，认真做好保险的报险、定损和理赔工作。

7）建筑安全管理

a. 通过房屋技术状态检测管理（房屋完好程度评定），掌握和控制建筑缺陷，并及时修缮，恢复其技术性能和安全性能；

b. 建立建筑基础、结构、屋面、外墙以及各种构件的维护技术标准，严格进行维护；

c. 做好白蚁防治工作；

d. 建立建筑安全事故的报告和管理制度，按照"三不放过"原则，认真调查事故原因和责任，严厉追究责任事故的责任人；

e. 建立各种建筑事故的应急处理方案；

f. 购置财产保险，认真做好保险的报险、定损和理赔工作。

8）财产安全管理

a. 随时关注自然灾害预报，尤其是恶劣天气的预报，及时向商家、客户及业主发布警示消息，做好应急准备；通过建立自然灾害的预警机制、设备设施维护和治安安全管理，努力防范财产损害；

b. 人防与技防相结合，加强安全防范的巡查力度，防止抢、盗、破坏等违法事件的发生；

c. 自然灾害和自然原因造成的财产损害发生，应立即报险，配合保险公司定损、理赔；

d. 对人为责任造成的共用设施设备损害，由专人按照价值清单，快速定损，由肇事者赔偿；

e. 对顾客财产、业主自有财产和使用人财产损害，积极配合受害人进行报价定损。

3. 商业物业环境管理的工作要点

三四线城市综合体项目商业物业环境管理工作的好坏最能直观体现项目的形象，其主要可以从保洁工作的策划、保洁分包方的选择与监督、保洁专项管理、绿化布置和管理等方面做好商业物业环境管理工作。下面是某三线城市综合体项目商业物业环境管理的工作要点，供读者借鉴参考：

（1）商业物业保洁的系统策划

1）编制物业保洁对象设施清单

根据具体项目以及具体部位的特点和定位要求，依据物业服务合同确定的服务界面和服务标准，将地面、消防通道（楼梯间）、电梯、灯具、风口、管线、沿口、扶手、栏杆、垃圾桶、玻璃穹顶等保洁对象的位置和数量进行全面盘点，编制项目保洁对象设施清单。

2）按照不同对象、不同区域，确定保洁频次、保洁方式、保洁方法、保洁作业时间要求，确定保洁作业路线。

a. 保洁区域一般划分为屋面、办公区、卫生间、地下室、内场、外场等六个区域。

b. 保洁范围必须涵盖项目保洁对象设施清单中所有必须清洁的设施和部位。

c. 保洁方式包括循环作业方式和定期作业方式。

d. 保洁方法包括擦拭、清洗、打蜡、抛光、牵尘等各种工艺方法以及各种清洁药剂的配方、用量，保洁工具使用限制。

e. 保洁作业时间，根据营运需要规定具体作业是夜间还是白天，闭店后还是营业中进行。

f. 保洁作业路线，根据营运需要规定必要的保洁作业路线。

3）制订保洁作业质量标准和保洁质量检查标准

a. 编制保洁作业质量标准，包括日常作业和定期作业工作标准。标准中必须规定各个保洁区域、保洁对象的保洁频次、方式、方法、作业时间要求和清洁作业路线要求以及应当达到的效果和标准。

b. 根据保洁作业质量标准，编制保洁质量检查表。保洁质量检查表包含各个保洁区域、保洁对象的保洁作业质量标准外，应当还包含检查衡量方法和检查评定方法。

4）进行保洁作业的资源经济技术分析

根据保洁管理工作系统策划，进行资源经济技术分析，确定保洁作业的人员、设备、物料的配置要求。

（2）保洁分包方的选择及监督

1）保洁分包单位的选聘

a. 保洁市场调研及入围单位的考察与确定

市场调研包括：通过走访行业协会、主管部门、保洁公司等了解当地法规政策，市场特点、价格水平、领先及特色企业等信息。对分包单位的考察内容（关键点）为：企业规模、管理业绩、专业能力、项目管理水平、价格水平、市场份额及影响力等。

b. 编制招标文件

招标文件中的质量标准和要求必须与物业清洁管理工作策划保持一致。

c. 评标

评标工作通常分为技术标和经济标来评定，两者间的权重视需求不同而确定，如 30 ： 70 或 40 ： 60 等。技术标的评定关键是理清有关保洁评标关键点，经济标的评定核心是如何确定第一合理低价。

2）对保洁作业过程的监管

a. 保洁分包效果的检查与评价

（a）环境专管人员每日对物业的总体卫生进行日常巡查，并填写保洁质量检查表；管理部经理每周对物业保洁工作进行检查；公司每月定期对保洁及环境管理工作进行检查。通过三查，寻找改进依据，促进分包方持续提高管理及作业水平，达到共同进步的目的。

（b）对分包方实施定期评价、付款前评价、合同到期前评价等三评工作。通过评价，了解物业环境保洁需求，及时发现保洁公司存在的问题，完善保洁监管制度，逐步形成一个长效的、可持续发展的环境保证机制。

b. 保洁作业日常检查

环境专管人员根据保洁服务合同，对保洁分包方的保洁服务进行专业日常检查，包括劳动要素检查和保洁作业质量检查。

（a）劳动要素检查

按照合同和保洁作业计划检查作业人员到岗情况、设备使用情况和物料使用情况。重点是检查保洁服务分包单位的人员在编、在岗是否符合合同约定的要求，人员素质是否符合合同约定的要求，人员排班是否符合合同约定的要求，设备的投放使用是否符合合同约定的要求，清洁药剂和工具的配比、用量和配置是否符合合同约定的要求等。

（b）保洁作业质量检查是按照保洁作业计划并根据保洁作业质量标准逐项对保洁服务分包单位以及保洁服务人员的作业进行检查。清洁卫生作业质量检查不仅涉及作业的现场效果，还必须涉及其作业方式、作业方法、作业时间和作业路线，必须使其符合作业质量标准的要求。

c. 日常保洁管理工作的主要控制环节

（a）月作业计划的制订和审核

每月月末，保洁服务分包单位都应当按照合同和管理公司制订的保洁作业质量标准制订下月度的月作业计划，管理公司应做出认真审核。

（b）作业计划的执行和检查

保洁服务分包单位按照审核通过的当月作业计划组织实施，分包单位每日据实提交保洁工作日报表。环境专管人员每日按照审核通过的当月作业计划对作业执行情况进行检查、核实与考核。

（c）月作业计划执行情况的考核

每月月末，管理公司应当对环境专管人员的保洁质量检查表的情况进行统计，同时结合当月对保洁服务分包单位劳动要素检查的结果；作业计划的执行和检查结果等形成对保洁服务分包单位当月服务的考核结论，并依据双方合同约定实施奖惩。

（3）保洁专项管理

1）地面石材养护

石材地面尤其是人造大理石在商业物业中得到大量使用。人造大理石是由90%的大理石碎粒及石英和10%的高强度树脂及辅料按科学比例经机器混合、压缩、聚合固化抛磨而成。它具有各类瓷砖和天然石材不可比拟的优点，同时也存在许多缺陷，例如硬度不高，易磨损，易变性，抗酸碱和抗腐蚀性不强，亲水性强易吸收各类有色液体。因此，人造大理石地面必须实行专项养护。

2）外墙和玻璃穹顶清洗

外墙面和玻璃穹顶专项清洗的工艺方法与一般墙面材料和玻璃的常规工艺是相同的。

在管理上，通常采用定期作业或采用一次性清洁工程方式组织分包作业。由于是高空作业，必须要求分包作业单位制订严格的安全制度、采取完善的安全防护措施和落实安全责任。外墙面和玻璃穹顶专项清洗严禁采用强酸碱性药剂。

3）污染治理

a. 视觉污染的治理

在商业物业中，有许多事物都容易造成视觉污染，例如不合理的灯光、美陈布置。此外，在公共空间里所经常存在的人的行为对顾客造成的视觉污染，例如营业场所的营业时间里装卸货物、清运垃圾；服务人员在客用卫生间里洗碗；工具车和工具箱在客户面前随意放置；服务人员在公共空间不规范的仪容和行为等。这些都是我们在日常环境管理活动中必须关注，并采取有效措施予以杜绝的。

b. 嗅觉污染的治理

（a）对嗅觉污染，必须采取坚决有效的管理措施。例如，保持通风设备良好的运行状态；对工程施工粉尘和有害气体的挥发，要采取严格的空间隔离和时间隔离；严格对各种管道、管路的控制，防止有害气体、粉尘、异味外溢和管路间的流窜。

（b）除了有针对性的管理措施，对嗅觉污染的治理还应当采取必要的技术措施。如采用安体百克（Antibac2K）技术具有杀菌、消毒、除味的空气净化作用。

c. 听觉污染

听觉污染主要是指让人体产生不愉快的噪声，其中效果不好的背景音乐也是一种听觉污染。

4）废弃物管理

商业物业每天产生大量的废弃物，这些废弃物如果不加以严格管理，将会产生视觉、嗅觉、触觉的严重污染，滋生虫害，损害顾客的健康，损害商业的形象。

5）虫害治理工作的组织和管理

a. 应按照规定，通过招投标，选聘具有资质的专业虫控服务单位进行专业虫控服务。

b. 根据项目运营的实际情况，制订各季度的消杀计划。消杀计划必须明确使用药物名称、用量、开始投放时间、持续时间、投放地点和防护措施等。消杀工作开展前，须向相关客户发布相关通知。

c. 针对商业物业主力点、次主力点、小商户等大小商家众多，各区域物业管理界面不尽相同，不同的物业管理责任区域，在虫害灭杀行动时应统一协调，共同行动，同时段完成相关作业，才能达到理想的治理效果。

d. 采取完善的安全防范措施，防止有关作业伤害到人体。

e. 环境专管人员应每月汇同有关人员对虫害治理工作按检验方法和标准

进行检查，并实时做好记录。

（4）绿化布置和管理

1）景观营造

a. 通过景观营造，充分表现商业物业内涵，使环境具有标志性。

b. 景观营造，必须服务和服从于物业空间的服务功能。商务办公楼的环境布置应该有利于创造商务环境的营造；酒店的各种陈设应当洋溢着典雅、高贵的氛围；公寓则需要整洁和安静的环境；在购物中心，则根据其定位和业态分布需要创造浓烈的商业气氛。

c. 景观营造必须与交通组织相结合。在大型商业物业重要的交通动线和节点，应该进行有目的的景观布置。在商业物业的主要出入口，如地铁出入口、地面出入通道、地下停车场的电梯候梯厅、中庭和大堂等重要的人流动线节点，必须精心做出景观布置。

2）光环境营造

在商业物业特别是商业中心里，灯光是极其重要的景观要素。灯光在受光面的照度以及色温和显色指数，直接影响了人的视觉效果，并对行人流线的流向和流量产生重要影响。